U0160524

细胞毒性数据挖掘技术与应用

（第二版）

Cytotoxicity Data Mining Techniques and Applications
(Second Edition)

潘天红　陈　娇　著

科　学　出　版　社

北　京

内 容 简 介

实时细胞电子分析技术已广泛应用于细胞生物学、分子生物学、肿瘤学、生物化学、毒理学等多种学科领域，以及药物筛选、研发、生产及质量控制过程。本书系统地阐述了细胞毒性数据的数据挖掘技术与模式识别方法，共分 6 章，具体包括：细胞电阻抗传感技术、细胞毒性动力学模型参数估计方法、体外细胞毒性评价方法、化学物质 MoA 分类方法、细胞毒性动态响应数据的可靠性分析方法，以及低诱变细胞数目预测模型估计。

本书可作为高等院校生物信息学科、数据挖掘学科研究生的参考用书，也可供从事细胞生物学、毒理学、食品安全、污染物风险评估工作的专业人员、科研人员和管理人员阅读参考。

图书在版编目（CIP）数据

细胞毒性数据挖掘技术与应用/潘天红，陈娇著. —2 版. —北京：科学出版社，2023.3
ISBN 978-7-03-074826-3

Ⅰ. ①细… Ⅱ. ①潘… ②陈… Ⅲ. ①数据采掘-应用-细胞学-毒理学 Ⅳ. ①Q25-39

中国国家版本馆 CIP 数据核字（2023）第 025949 号

责任编辑：李涪汁/责任校对：郝甜甜
责任印制：张 伟/封面设计：许 瑞

科学出版社 出版
北京东黄城根北街 16 号
邮政编码：100717
http://www.sciencep.com
北京厚诚则铭印刷科技有限公司印刷
科学出版社发行 各地新华书店经销
*
2019 年 10 月第 一 版 开本：720×1000 1/16
2023 年 3 月第 二 版 印张：11 1/4
2024 年 1 月第六次印刷 字数：226 000
定价：119.00 元
（如有印装质量问题，我社负责调换）

前　　言

随着传感器技术、计算机技术、生物信息技术及检测技术的快速发展,人们往往可以轻松获取大量的、复杂连续的数据,如何处理这些复杂连续的数据,对传统的统计方法提出了挑战。

在受试物的作用下,细胞生理功能产生一系列的变化(细胞毒性),其外在表现形式为细胞生长、伸展、形态变化、浸润及迁移、死亡和贴壁等,这些形态很大程度上与细胞株类型、受试物性质、浓度及暴露时间相关。细胞的这些生物学变化特性可以通过细胞电阻抗传感技术以高通量的形式捕获,并以时间序列的形式存储在计算机中。研究表明,体外细胞毒性与动物急性毒性死亡剂量之间具有高度相关性,已成为快捷、高效的药物筛选与评估手段。为此,面向细胞毒性数据的函数型特点,设计开发出新的数据挖掘与模式识别方法,已成为毒理学、药理学、食品安全、污染物风险评估等领域的研究热点。

本书紧紧围绕细胞毒性数据的函数型分析方法展开描述。第 1 章总结了细胞电阻抗传感技术的原理及其发展历程,介绍了五种基于细胞电阻抗传感技术的典型仪器的特点;并以实时细胞分析仪(real-time cell analyzer, RTCA)为例,描述了无标记实时细胞分析技术应用领域;此外,还给出了 RTCA 的细胞毒性动态响应曲线(time-dependent cellular response curve, TCRC)预处理方法。第 2 章从化学物质的细胞毒性动力学方程出发,根据细胞毒性吸收及死亡机制,构建了细胞坏死与细胞凋亡两种细胞毒性动力学模型,结合带约束的非线性优化算法,给出该模型参数的估计方法。在此基础上,利用扩展卡尔曼滤波算法,借助 RTCA 细胞毒性数据,可实时估计出有毒物质作用于细胞株的浓度,极大地提前了风险预警时间。第 3 章根据化学物质细胞毒性响应曲线数据,基于传统的单一时间点,给出 LC_{50} / GI_{50} 细胞毒性的计算方法。此外,基于 TCRC 的特征,分别提出 AUC_{50} 与 KC_{50} 两种毒性指标及其计算方法。与此同时,分别建立三种方法的“剂量-反应”模型。在此基础上,将三种细胞毒性指标与美国 RC(Registry of Cytotoxicity)数据库中的体内急性毒性值做相关性分析,比较各自的差异。第 4 章根据化学物质细胞毒性响应曲线形态,结合函数型数据分析技术与层次分类法,提出了一种基于细胞毒性作用模式(mode of action, MoA)的化学物质筛选与分类算法,在细胞层面上实现对化学物质的高通量筛选。第 5 章对 E-Plate 的边缘效应与 E-Plate 的组内/组间重复性两个常见的 RTCA 实验问题,提出了相应的实验数据可靠性评估方法,并制定了可靠性评估标准。此外,也给出一种重复性 RTCA 实验数据的使用方法,增加细胞毒性评估的科学性与合理性。第 6 章利用细胞增殖 TCRC 的曲线特征,由细胞分裂的指数期和初始诱变细胞数目的关系,构建低数量级诱变细胞的预测模型,给出一种低数量级诱变细胞的高通量计数方法,可以用于基因毒性测试。

　　　本书的研究起始于作者在加拿大阿尔伯塔大学博士后期间所做的工作,在黄彪院士指导,以及团队成员 Swanand Khare、Fadi Ibrahim、Zhankun Xi、Aaron Cheung、Vignesh Devendran 共同努力下,围绕细胞毒性数据的函数型分析方法开展卓有成效的研究,同时也得到了加拿大阿尔伯塔省卫生署的 Stephan Gabos 博士、Weiping Zhang 博士,加拿大卡尔加里大学病毒中心的 David Kinniburgh 教授、Yu Dorothy Huang 博士,以及美国艾森生物科学公司的 Xiao Xu、Xiaobo Wang、Can Jin 等的指导与帮助,在此表示衷心的感谢。同时,课题组的研究生郭前、许开立、蒲天庆、陈英豪、李浩然等也做了大量的工作,取得了较为丰富的研究成果,本书正是对这些成果的总结。本书初稿完成后,广州中医药大学胡晨霞教授审阅了全部内容,并提出了许多宝贵意见,在此表示衷心的感谢。

　　　本书得到了安徽省教育厅高等学校省级质量工程项目(2020yjsyljc010)、安徽省高等学校高峰学科建设项目资助,另外在撰写本书的过程中,参考了国内外众多学者的研究成果,作者在此一并表示诚挚的谢意。

　　　本书是课题组最近几年研究工作的结晶,希望本书的出版能够进一步推动体外细胞毒性试验的学术研究和技术开发。由于作者水平有限,书中难免有不当之处,恳请广大专家和读者批评指正,来函请发至邮箱 thpan@live.com。

作　者

2022 年 12 月

目　　录

第1章　细胞电阻抗传感技术概述

随着现代科学技术特别是生物医学技术的快速发展，传统以生物活体为主的体内毒性试验方法，因其评测周期长、耗时、费力及伦理问题等缺点，已很难满足对有毒物质高通量筛选的需求[1]。事实上，化学物质产生的损伤和死亡，最终可表现为细胞水平上的改变。根据欧洲标准化委员会 CEN 1992 年 30 号文件的定义，细胞毒性(cytotoxicity)是指由产品、材料及其浸渍物所造成的细胞死亡、细胞溶解和细胞生长抑制[2]。有研究显示，化学物质体外细胞毒性与其引起的动物死亡率及人体死亡的血药浓度之间都存在良好的相关性[3]。由此推测体外细胞毒性可以预测体内急性毒性，从而选择进行体内毒性实验最适宜的开始剂量，减少实验动物的使用[4,5]。

细胞毒性按作用机制可分为三种类型[4]：

(1)基本细胞毒性，涉及一种或多种细胞结构或功能的改变，作用于所有类型的细胞；

(2)选择细胞毒性，存在于某些分化细胞上，主要通过化学物质的生物转化，与特殊受体结合或特殊摄入机制而引发；

(3)细胞特殊功能毒性，对细胞结构和功能损伤轻微，但对整个机体损伤非常严重。类似毒性作用可通过细胞因子、激素及递质的合成、释放、结合和降解影响细胞与细胞间的交流或特殊的转运过程而实现。

细胞毒性物质对细胞造成一系列破坏，细胞凋亡的过程很大程度上取决于细胞种类、化学物质的性质、浓度及化学物质作用时间。这些化学物质改变了细胞黏附和形态，这些生物学变化特性可以通过电阻抗变化的方式展现出来，这样通过检测电阻抗变化观察细胞的生物学特性，从而评估细胞毒性大小[6,7]。

细胞电阻抗传感技术(electric cell-substrate impedance sensing, ECIS)就是这样一种能够对贴壁生长细胞的形态进行实时、定量监测的独特方法，可在近似生理环境下，通过测量细胞和微电极之间电阻抗的变化来动态地记录细胞增殖、细胞毒性和细胞形态的变化[8,9]。该项技术具备三大特点[10]。

(1)无损伤的细胞动态研究平台(不同于染色、标记)；

(2)实时定量地进行测量，实时获取数据；

(3)实验结果具有高度可重复性，而传统方法对细胞动态行为多数只能采用定性研究。

在基础生命科学研究方面，该技术可以用于研究细胞增殖与凋亡、细胞黏附、细胞分化及细胞迁移等。在药物研发方面，主要应用于药物筛选、药效评价、毒理学研究及肿瘤耐药性检测等。

1.1　细胞电阻抗传感技术背景

传统的生物化学检测方法，如基于细胞膜通透性改变的台盼蓝染色法、对细胞核染色的碘化丙啶法、测定细胞酶活性的 MTT 法、外加标记物法等，确定细胞的存活率时，有如下缺点[11]：

(1) 需要使用标记；

(2) 与连续监测不相容(即仅产生终点数据)；

(3) 与正交试验不相容；

(4) 无法提供客观、定量的数据。

细胞电阻抗传感技术(ECIS)则突破了这些技术的局限，它利用生物组织与器官的电特性及其变化规律，提取与人体生理、病理状况相关的生物医学信息[12, 13]。在具体的实现过程中，通常是借助置于体表的电极系统向检测对象送入一个微小电流或电压，检测相应的电阻抗及其变化，然后根据不同的应用目的，获取相关的生理和病理信息[14-16]。目前，生物电阻抗测量技术广泛应用在组织成分活性分析、电阻抗成像、细胞悬液研究以及皮肤诊断中[17]。由于近二三十年的微制造技术的兴起，该技术开始被广泛运用于细胞相关的生物实验，从而促进了 ECIS 技术的发展。

1.1.1　细胞电阻抗传感技术简介

细胞电阻抗传感技术是细胞培养和阻抗检测技术的结合，在细胞培养过程中，细胞的黏附与伸展是黏附型细胞的基本生长过程。细胞黏附通常涉及大量的细胞与基底表面的相互作用，分为两个阶段，即被动黏附阶段和主动黏附阶段。在被动黏附阶段的起始，细胞的微绒毛与基底表面接触，形成的接触面积只有 $0.01\mu m^2$。几分钟后，成千上万的黏附受体与基底表面接触，形成几个平方微米的基础面积。随着细胞开始变得平坦，与表面的接触面积继续增大。接下来就进入细胞主动黏附阶段，与黏附相关的分子聚集到接触区域，使得黏附强度得到进一步增强，细胞开始在基底表面伸展开来之后，细胞骨架的重组不仅会使细胞膜表面粗糙度增加，还会使细胞形态由圆形变为多边形。为了配合以上的主动黏附过程，细胞体内的蛋白分子和离子会重新排列，呈现不均匀分布，这一变化称为细胞极化。极化后的细胞会伸出板状伪足，与基底附着形成黏着斑。至此，细胞在基底表面的黏附行为才算结束。图 1.1 所示为细胞在基底表面的黏附过程示意图[18]。

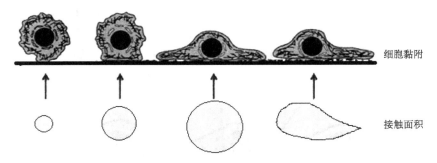

图 1.1　细胞在基底表面的黏附过程示意图

活细胞在与基底表面黏附过程中和黏附完成后，表现出各种形式的运动。这些运动可分为三种基本形式：细胞迁移、细胞形态变化、胞内细胞器运动。细胞迁移在癌细胞扩散中起到决定作用；细胞形态变化发生于细胞黏附过程的后期，即主动黏附阶段、细胞分裂成两个子细胞时以及细胞迁移时；胞内细胞器的运动则时刻都在进行，以配合完成各种细胞生理活动。

细胞电阻抗传感技术就是将平面电极阻抗测量技术应用于检测细胞形态变化，通过检测细胞组织的电化学过程，从而获取传统方法无法获得的生理变化和细胞的隐藏信息。图 1.2 所示为细胞阻抗测量原理示意图[19]。检测系统采用电化学检测中的二电极系统，将细胞培养在导电的工作电极上，由培养液连接对电极，

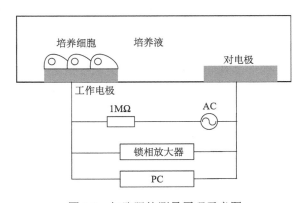

图 1.2　细胞阻抗测量原理示意图

在对电极上施加激励信号，在工作电极上检测到响应信号。工作电极和对电极均采用了电化学反应惰性较强的金电极，其电阻率低，因此对检测过程的影响以及对检测结果的贡献可以忽略[20,21]。

细胞被磷脂双分子层构成的细胞膜包裹着，使得细胞成为电的不良导体，直流电会被细胞膜旁路。当施加一定频率的交流电时，电流流经细胞就会受到一定阻碍，原来可以直接流经电极表面的电极电流，由于电极被培养生长在其表面的细胞所覆盖，而最终只能从细胞侧面通过电阻间隙区域流过，如图 1.3 所示[21]。

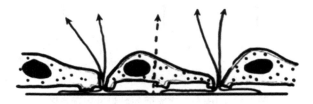

图 1.3　细胞对电极电流的阻碍作用示意图

这种阻碍反映在响应信号上就是电压变大或者电流变小，总的结果是整个细胞电阻抗传感器的被测阻抗变大。也就是说，细胞黏附到电极表面越多，被测阻抗就越大。除了细胞黏附外，细胞的迁移运动也会引起阻抗值的相应变化。由于施加的电压非常小，电流非常微弱，不会对细胞造成损伤，所以阻抗检测可以贯穿细胞培养的整个过程。因此，ECIS 能够完整地记录黏附性细胞在基底表面的黏附和迁移运动的整个过程，并且，这些生命过程伴随着细胞的代谢调节及细胞形态和骨架的变化。

根据工作电极数目的不同，细胞阻抗检测系统可以分为单电极体系和阵列电极体系。单电极是指阻抗检测系统只含有一个工作电极和一个对电极，阵列电极体系包含多个工作电极，其中可分为叉指电极和普通阵列电极。

叉指电极是阵列电极的一种特殊构型，由多组大小一样、材质相同的条形电极并行排列，并连接到一个共同的末端，形成类似手指交叉的电极阵列结构[22]。在叉指电极中，电极的阻抗在总阻抗中所占比例相等，不区分工作电极和对电极，如图 1.4(a)所示。

普通阵列电极则含有多个通道，每一个通道含一个工作电极，这些工作电极相互独立，共用一个对电极，利用继电开关在各通道间切换，可以实现多通道的同时测量，如图 1.4(b)所示[19]。

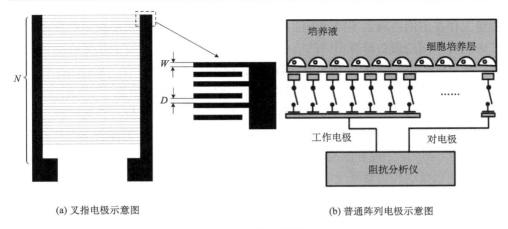

(a) 叉指电极示意图　　　　　　　　　　(b) 普通阵列电极示意图

图 1.4　细胞阻抗检测系统

1.1.2　细胞电阻抗传感技术的意义

　　细胞电阻抗传感技术是一项对细胞无损伤，不需要生物标记就可以对细胞黏附和迁移运动进行实时和连续监测的现代技术。此外，细胞电阻抗传感技术对贴壁细胞在体内的生命过程有一定的模拟性，使得检测结果相较于传统方法具有更高的生物学价值。正是由于这些显著的优点和优势，在过去的二三十年里，有关细胞电阻抗传感技术的研究和应用得到了飞速发展，很好地弥补了传统分析方法，如 MTT、平板计数法、荧光染色等的不足。细胞电阻抗传感技术作为一种广受欢迎的细胞实验工具，可以用于监测细胞事件，如细胞在各种基底上的黏附和伸展、内皮细胞的屏障功能、细胞微动、细胞迁移和理化因素造成的细胞形态改变等，广泛应用在药学、毒理学和细胞生物学等领域[23-25]。

1.1.3　细胞电阻抗传感技术发展历程

　　细胞电阻抗传感技术原理由 1973 年诺贝尔物理学奖获得者 Giaever 教授及其同事 Keese 教授，从 1984 年开始，共同总结并发展至今。

1. 细胞黏附、伸展、形态和增殖检测方面

　　1984 年，Giaever 与 Keese 首次提出细胞电阻抗传感技术，他们将成纤维细胞培养在有小的金工作电极与对电极的培养皿中，测量工作电极与对电极之间的阻抗，结果证实电极所产生的阻抗变化能够反映细胞的黏附和伸展行为[26]。1998 年，Keese 等更进一步探讨了电极上包裹不同的蛋白质与细胞黏附之间的关系。通过

测量工作在不同溶液、不同感测面积条件下电极间的阻抗，推断出阻抗变化反映了细胞对不同的蛋白质有不同的响应[27]。2004 年，Keese 等研究了哺乳动物的细胞，指出细胞层平均移动 1nm 就能被 ECIS 检测到[28]。2000 年，Wegener 提出了高频电容是反映 MDCK 细胞早期黏附和伸展最灵敏的参数[29]。Grimnes 与 Martinsen 采用 ECIS 技术，通过检测细胞和组织的电化学过程，获得传统方法无法获得的生理变化和细胞的隐藏信息[30]。2002 年，Kataoka 等结合 ECIS 和原子力显微术（atomic force microscopy，AFM）研究了单核细胞与内皮细胞相互作用对于内皮细胞微动和力学特性的影响[31]。2003 年，Huang 等利用阻抗变化反映细胞膜完整性的细胞传感器芯片进行研究，用不同浓度的 Triton X-100 检测人体前列腺细胞系的细胞膜完整性损坏情况，检测到整个实验期内的细胞动力学过程[32]。

2. 细胞迁移和浸润方面

1997 年，Noiri 等首次将电阻抗传感技术运用于伤口愈合试验。他们先在电极上施加一个直流电压，使附着在其上的细胞严重电穿孔死亡形成一个伤口[33]。然而，这个直流电压较难控制，有可能会引起电极上的电化学过程而使测量变得不稳定。2004 年，Keese 等用高频交流信号代替直流电克服了上述缺点，这样形成的伤口大小仅限于微小的电极上，并且不会造成电极损坏，这种方法做出的结果比传统的伤口愈合试验具有更高的可重复性[28]。

2008 年，Wang 等则通过在电极表面修饰形成排斥细胞贴附生长的 SAMs 膜，等到细胞在器件表面贴附生长稳定后，施加一个直流脉冲破坏 SAMs 来形成一个伤口，然后细胞便开始往电极上迁移，从而实现了对细胞迁移的实时监测[34]。

McCoy 和 Wang 利用 ECIS 检测了流行性感冒病毒 A 感染引起的细胞病变。一个健康的单层细胞被流感病毒 A 感染侵入，被感染细胞形态变圆并且脱附。可通过 ECIS 检测这些效应导致阻抗变化的情况[35]。

3. 细胞-受体配体反应监测方面

目前研究已经表明基于阻抗的方法能够监测活细胞中受体特异性的激活。表达人组胺受体 H1 的 CHOK1 细胞和表达人加压素受体 V1a 的 1321N1 细胞分别用组胺和加压素刺激，阻抗测量曲线出现迅速而短暂的升高。细胞固定后用荧光标记，照片结果证实阻抗的变化与肌动蛋白细胞骨架和相关的蛋白的调节有关，此外，能够得到剂量依赖的曲线分析组胺受体激动剂和抑制剂。事实证明，基于阻抗的方法可以测量 G 蛋白偶联受体（G protein-coupled receptor，GPCR）介导的肌动蛋白动态性和细胞形态学变化，可以成为研究受体介导的 GPCR 活化的一种很有前景的工具。

4．细胞毒性试验方面

Keese 等利用 ECIS 系统测试了成纤维细胞和上皮细胞毒素响应[27]。在毒素测试中，有一些典型的具有细胞毒性的化合物，比如安替比林、敌百虫、二甲基甲酰胺和重铬酸钠及一些常见的毒素如 As(III)、BAK、TNB、CHX 等。ECIS 和 RT-CES 系统已经使用各种细胞来检验药物的毒性，并给出时间响应曲线和剂量响应曲线。2002 年，Woolley 等应用由金电极制成的细胞电阻抗传感器进行肿瘤药物的筛选过程，筛选出阿霉素、卡铂等对卵巢癌和乳腺癌等贴壁性细胞有响应的药物以及紫杉萜等无效药物[36]。

与此同时，为了提高灵敏度、可重复性、生物相容性以及实现高通量检测，人们研究了不同的电极布局及若干 ECIS 新颖性设计方法[37,38]。与此同时，通过广泛的细胞实验和数学建模方法，人们研究了细胞行为引起的阻抗变化机制。

经过几十年的发展，细胞电阻抗传感技术向小型化、高通量、多参数方向发展，结合其他新型传感器的开发，已广泛应用在药物分析、环境毒素监测等多个领域。

1.2　基于细胞电阻抗传感技术的典型仪器

ECIS 系统能够实时监测细胞生理状态，为实验提供了丰富的信息，由于 ECIS 技术的简单和有效，还催生了一个很大的生物仪器商业市场。以下列举几种典型的 ECIS 产品。

1.2.1　ECIS 细胞动态分析仪

由 Applied BioPhysics 公司开发的 ECIS 细胞动态分析仪[39]，是第一个商业化产品，它能够测量由细胞贴壁状态、位置、形态等方面发生的变化。将细胞添加在特殊电极板的微孔内，通过微电流传感器实时、定量、非介入性地测量细胞活性状态的改变，如图 1.5 所示[39]。当细胞在电极上附着并且贴壁变化或者迁移时，这些变化被传输到仪器的检测端，该变化反映了细胞的一些特性改变，如形态学变化、贴壁能力、细胞迁移运动、细胞覆盖程度、细胞与基底空间等。

该产品的主要应用领域有如下方面。

（1）细胞黏附和伸展：主要研究细胞伸展贴壁能力。如图 1.6 所示[39]，与 NRK 细胞相比，BCS 细胞有着更快的贴壁和生长速度。

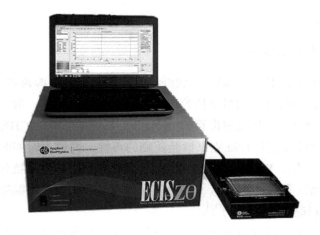

图 1.5　Applied BioPhysics 公司的 ECIS 细胞动态分析仪

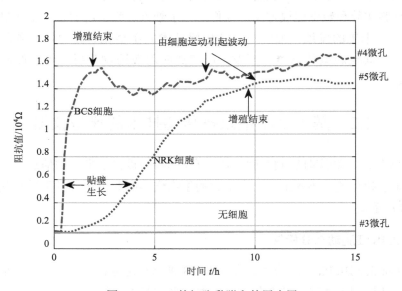

图 1.6　ECIS 的细胞黏附和伸展应用

　　(2)细胞损伤修复：当给予电极较强的瞬间电流时，测量电极上的细胞会被击穿、损伤，造成部分细胞死亡，ECIS 可以自动监测到由此产生的阻抗值下降，并随时间的延长，又回到初始值，即正常细胞向损伤区域迁移并重新生长以替换已死去细胞的整个过程，如图 1.7 所示[39]。

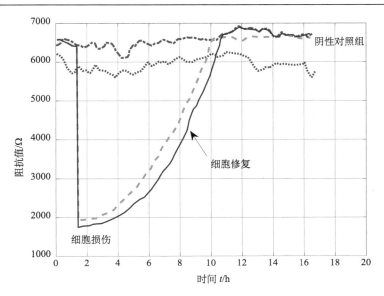

图 1.7　ECIS 的细胞损伤修复应用

　　(3)肿瘤细胞侵袭：当肿瘤细胞加入后，正常细胞层的阻抗值开始降低，这是由于肿瘤细胞的侵入影响了完整的正常细胞层。如图 1.8 所示[39]，相比 G 细胞，AT3 细胞引起的阻抗值降低更加显著。

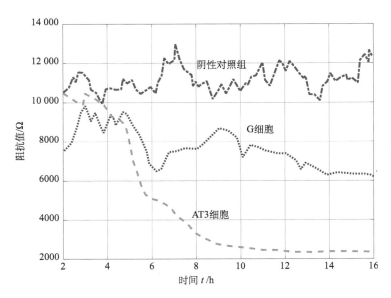

图 1.8　ECIS 的肿瘤细胞侵袭应用

(4)体外毒性检测：细胞的生长受到培养基中化学成分的影响，ECIS 技术可以用于检测药物对细胞的毒理学影响。如图 1.9 所示[39]，十二烷基硫酸钠(sodium dodecylsulfate)对 WI-38 细胞的生长有着明显的抑制作用，并且浓度越高抑制效果越显著。

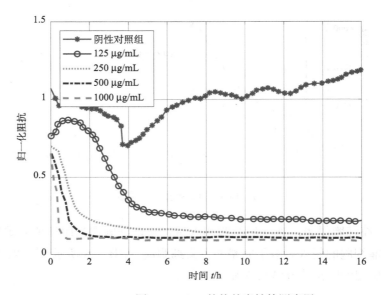

图 1.9　ECIS 的体外毒性检测应用

(5)其他应用：细胞的趋化迁移研究，细胞层屏障功能研究，细胞信号研究，流动状态下细胞行为的研究等。

1.2.2　Bionas 1500/2500 细胞代谢监测仪

德国 Bionas 公司于 2012 年推出的 Bionas 1500/2500 细胞代谢监测仪是一种多传感器芯片阵列产品[40]，能够实时在线记录和分析细胞生理学参数，包括 pH 的变化率、氧气的消耗率和细胞贴壁电阻等。这些参数由系统的核心——SC1000 传感器芯片上多个不同类型的传感器元件负责测量，具体包括：5 个离子敏感场效应晶体管(测量细胞外环境的 pH 变化)、5 个改进型 Clark 氧电极(测量氧气浓度)和 1 个叉指结构电极的阻抗传感器(测量细胞的贴壁电阻)，图 1.10 所示为细胞代谢监测仪的实物图[41]。系统采用独有的换液系统，能够始终保持新鲜的细胞培养环境，可以连续观察十几天，并监测细胞再生效应。

图 1.10　Bionas 1500/2500 细胞代谢监测仪

1.2.3　CellKey 细胞介电谱分析系统

MDS Sciex 公司开发的细胞介电谱分析系统 CellKey 是基于叉指电极的微波频段阻抗测试系统，如图 1.11 所示[42,43]。CellKey 系统的核心技术是对细胞进行双电极介电谱扫描，测量细胞间和跨细胞电阻。

图 1.11　CellKey 细胞介电谱分析系统

该系统在所有贴壁或不贴壁细胞株及原代细胞上对受体可进行如下研究[42]。

(1) 受体淘洗，系统配备 96 道或 384 道移液装置，可通过向细胞加入一系列已知受体的激动剂，使用相同的实验方案，同时分析该细胞上 G 蛋白偶联受体(GPCRs) 和酪氨酸激酶受体(TKRs) 的功能状况。

(2) 信号通路的鉴别，监测不同家族的已知受体和未知的孤儿受体活动状态，并能进一步检测受体激活后的信号转导机制。

(3) 信号转导机制的解析，破解受体介导的信号转导途径，捕获先导化合物详细的作用机制。

（4）先导化合物鉴定和药理学剖析，系统可对所有细胞系及受体作药理学评价、检测，且这一过程与受体激活后的细胞内过程无关。

1.2.4　Cellasys 细胞代谢监测仪

德国 Cellasys 公司和 Hp-Med 公司联合推出的 Cellasys 细胞代谢监测仪是一种多传感器芯片阵列产品，可以实现监测活细胞或组织的代谢活动情况，如图 1.12 所示[44]。该监测仪是一种多传感器芯片阵列技术产品，可以同时实时监测细胞代谢的多个参数，包括细胞酸化度、细胞氧消耗和细胞贴壁电阻。

图 1.12　Cellasys 细胞代谢监测仪

该产品的主要应用领域有以下方面。

（1）毒理作用研究，替代动物实验评估药物或毒物的毒理学，揭示底物的有效性、细胞毒性及再生性。

（2）肿瘤学研究，肿瘤细胞或组织对药物或环境因素的化学敏感性和抗药性，对不同刺激的反应。

（3）药物靶点的筛选，细胞对于抗癌、代谢类或免疫类药物的反应，对药物进行归类分级。

（4）再生医学和干细胞研究，不同刺激条件对细胞的影响及细胞的再生能力。

1.2.5　RTCA 实时细胞分析仪

RTCA 实时细胞分析仪是 ACEA Biosciences 公司开发的一款细胞分析平台[45]。该平台通过嵌在 E-Plate 板上孔底的微电子感应器阻抗变化去感受细胞的有无以及贴壁、黏附和生长程度的改变。如图 1.13 所示[46]，RTCA 系统主要由 3 个部件构成：系统控制台、实时细胞分析仪、微电极阵列。实验时，细胞功能分析仪检测工作台置于 CO_2 培养箱内，通过该工作台的电路切换，可以对 E-Plate 上的所有孔进行阻抗测量，并将结果发送给实时细胞分析系统，由实时细胞检测分析软件进行处理、显示、分析。

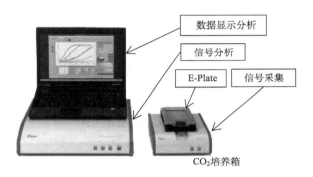

数据显示分析

信号分析

E-Plate　信号采集

CO_2培养箱

图 1.13　RTCA 实时细胞分析仪

其检测原理如图 1.14 所示[46]，当微电极阵列上没有细胞生长的时候，电阻值为 0，随着细胞贴壁或细胞的增殖，电阻值将逐渐增高。图 1.15 所示为细胞的生长曲线[46]，系统软件将不同时间点的电阻变化换算成直观的细胞指数(cell index, CI)。由图 1.15 可以看出，随着时间的增长，CI 值不断增高，初始时增长较快主要是因为细胞贴壁后细胞形态发生了变化，此后由于细胞的增殖(cell proliferation)导致 CI 值呈指数级增长，之后 CI 值不再增加，表明细胞生长进入平台期，最后由于细胞的坏死或脱落导致 CI 值下降。由此细胞生长曲线可知，细胞的黏附力、细胞形态的变化(细胞大小、形状、细胞贴壁及伸展等)与细胞数目的变化是引起 CI 值发生变化的三个主导因素。

自 2004 年，ACEA 推出了第一个用于基于细胞测定的实时细胞电子感应(RET-CES)系统，并于 2007 年，将 RET-CES 更名为 xCELLigence 实时细胞分析(RTCA)开始，至今 ACEA 已经开发了具有不同通量的系列 RTCA 产品(RTCA SP、RTCA MP 和 RTCA DP)和具有特殊功能的系列 RTCA 产品，如具有可同时实时监测细胞侵袭和迁移附加功能的 RTCA DPlus，能够监测跳动心肌细胞收缩活性的

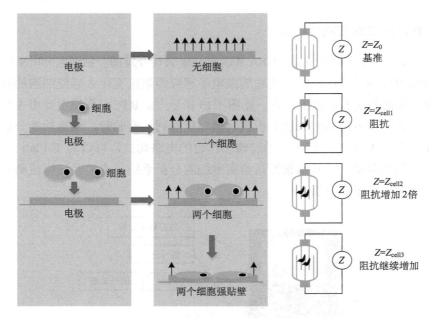

图 1.14　RTCA 检测技术原理

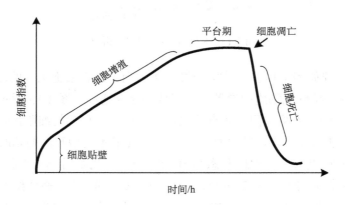

图 1.15　细胞生长曲线

RTCA Cardio，能够评估心肌细胞收缩力、舒张力和场电位的 RTCA CardioECR 等。RTCA 在细胞学研究中的应用主要有：细胞质控、细胞黏附和伸展、细胞迁移和浸润、基因调控、心肌细胞功能检测、新药筛选、细胞毒性等。

1.3　细胞电阻抗传感技术的应用

如前所述,与传统的终点细胞检测技术相比,ECIS 产品通过电极阻抗检测获得实时、连续的细胞生理功能相关信息,包括细胞生长、伸展、形态变化、死亡和贴壁等,这一功能的实现无须标记,也无损伤,受到人们越来越多的关注。本书以 RTCA 产品为例列举细胞电阻抗传感技术的主要应用。

1.3.1　心肌细胞功能检测

过去的几十年中,有相当数目的药物因为具有心脏毒性而被撤出市场。另外,有一些化合物因为在药物研发后期或者临床应用阶段才发现心脏毒性,给医药产业带来巨大损失,同时也给人类健康造成极大危害。因此,在药物研发的早期对药物的心脏毒性进行筛选和评价,对降低药物的后期研发成本、提高新药研发的成功率有着极其重要的意义。

ACEA 自主研发的 RTCA CardioECR 系统将高频测量的细胞诱导电阻抗与多电极阵列技术相结合,用以同时评估心肌细胞收缩力、舒张力和场电位,结构如图 1.16 所示[46]。心肌细胞的收缩-舒张周期产生了毫秒级上容易捕获的阻抗明显的节奏波动,直接影响细胞指数的变化。这种跳动模式的强度和周期的变化可以在短(秒)到长(天)时间方案中监测,以评估在不同药物作用下的心肌细胞收缩力和活力,图 1.17 所示为系统在毫秒级时间分辨率下,对心肌细胞舒缩力的检测结果[45]。

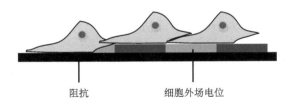

阻抗　　　　　　　细胞外场电位

图 1.16　阻抗及场电位结构

在人 iPS 诱导分化的心肌细胞中加入各种已知可致心律失常的药物[47],通过毫秒级的实时监测后发现,与二甲基亚砜(DMSO,溶剂)、阿司匹林(aspirin,阴性对照)相比,心律失常药物、非尖端扭转型失常药物乌头碱(aconitine)和哇巴因(ouabain)会导致截然不同的阻抗曲线(图 1.18)[48]。

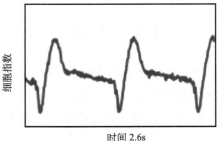

图 1.17　心肌细胞舒缩力检测结果

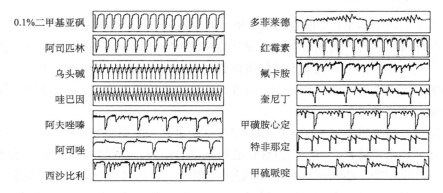

图 1.18　药物导致的心律失常阻抗曲线图

RTCA CardioECR 系统将阻抗检测与场电位记录整合为一体，可同时实现离子通道活性与心肌细胞舒缩力无损伤评估,可对心肌细胞兴奋-收缩偶联过程进行综合性评价。专用软件用于鉴定和评估影响离子通道活性、心肌细胞收缩力及细胞活力的不利因素，从而为心脏风险评估提供一个具有高度预测性的分析平台。

1.3.2　细胞黏附和伸展

不同生物表面的细胞黏附是动态、综合的过程，需要细胞表面受体、结构和信号蛋白及细胞骨架的参与。在生物发育过程中，胞外基质蛋白可引导胚胎细胞到邻近区域分化，最终生成不同的组织和器官。此外，胞外基质蛋白在伤口愈合、增殖、存活及分化等生物过程中发挥着重要作用，当细胞与周围基质蛋白或分子间相互作用异常时会引起凋亡及肿瘤细胞转移。因此，在研究细胞黏附和伸展之前，需要研究基质蛋白与细胞表面整合素之间的相互作用，通常的做法是在细胞板表面均匀地包被纯化的基质蛋白，然后接种细胞，如图 1.19 所示[46]。

基质包被　　　　　　　　　细胞接种　　　　　　　细胞贴壁与伸展

图 1.19　胞外基质包被下细胞形态变化及相应细胞贴壁与伸展示意图

　　基于阻抗的 RTCA 技术,能够实现对细胞黏附和伸展的实时连续检测,提供细胞与胞外基质蛋白相互作用的精确信息,另外,这些量化信息不仅包括黏附细胞的数量,也包括相关动力学参数如细胞黏附率等信息。如图 1.20 所示[46],细胞指数(cell index)随包被的 collagen IV 浓度上升而增加,呈现良好的剂量依赖效应,显微镜下细胞贴壁和伸展状态与细胞指数指示数据趋势一致。

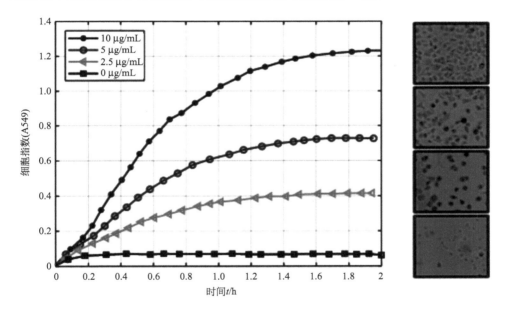

图 1.20　量化评估胞外基质蛋白对细胞黏附和伸展的影响

　　基于 RTCA 的细胞黏附和伸展研究的主要优势表现在以下方面。

(1)实时监测细胞黏附和伸展。

(2)直接、高敏、可定量。

(3)易获得细胞黏附和伸展的动力学变化曲线。

(4)细胞密度和胞外基质浓度等实验条件快速优化。

1.3.3 细胞共培养

细胞间相互关系是当今医学和生物学研究的一个重要方向。要进行这方面的研究往往离不开细胞培养，特别是细胞共培养，即将两种或两种以上的细胞共同培养于同一环境中[49,50]。图 1.21 所示为在 H295R 细胞作用下乳腺癌细胞的生长曲线[46]。通过共培养体系，可以在非常接近体内环境条件下观察细胞与细胞之间的相互作用，如诱导细胞向另一细胞分化、诱导细胞自身分化、维持细胞自身功能和活力、调控细胞增殖、促进早期胚胎发育和提高代谢产物产量等。

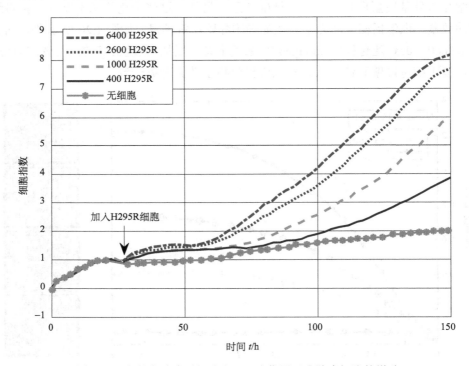

图 1.21　人肾上腺皮质细胞(H295R)作用下乳腺癌细胞的增殖

1.3.4 细胞迁移和浸润

细胞的迁移性是指细胞受到外来信号的刺激，由一个地方迁移到另一个地方的特性，通常发生在比如伤口愈合、细胞分化、胚胎发育、神经修复、干细胞功能再生和肿瘤转移的过程中[51-53]。细胞在移动过程中，不断重复着向前方伸出突触，然后牵拉后方胞体的循环过程，科学家们试图通过对细胞迁移的研究，在癌症转移、植皮免疫等医学应用方面取得更大成果。

RTCA 系统的细胞迁移检测板(CIM-plate)是基于 Boyden 室原理的微电子细胞芯片检测技术,可实现对生长因子介导的内皮细胞迁移进行实时无标记检测。细胞迁移检测板由上室和下室组成。上室板底部具有微孔膜,其下表面整合了微电子生物传感器。下室板则作为细胞培养基的容器。当上室板中的细胞通过微孔发生迁移时就可被生物传感器检测到。通过系统测量的阻抗得到的细胞指数 CI,反映迁移细胞的数量。图 1.22 所示为检测细胞迁移原理示意图[46]。

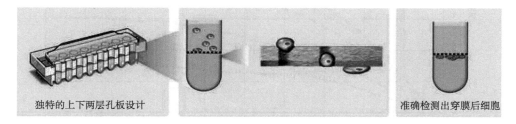

独特的上下两层孔板设计　　　　　　　　　　　　　　　　　准确检测出穿膜后细胞

图 1.22　CIM-plate 检测细胞迁移原理示意图

图 1.23 为 RTCA 系统对生长因子 VEGF 诱导 HUVEC(人脐静脉内皮细胞)细胞迁移进行连续实时监测的结果[46]。结果显示,VEGF 可诱导 HUVEC 细胞的迁移,并呈现剂量依赖性。由 CIM-plate 实时动态监测所获得的实验数据,可提供基因表达检测及其他的细胞迁移功能分析的最佳时间点。

1.3.5　细胞毒性检测

新的药物、化妆品、食品添加剂等在投入使用之前,都必须进行大量的细胞毒性试验。细胞毒性引起的细胞死亡有程序性和非程序性之分,后者即坏死。药物可以针对相应的细胞死亡信号通路进行调控,从而抑制或诱导细胞的死亡。对细胞死亡信号通路的深入研究,可为药物研发提供新的靶点,反之,在抗肿瘤药物、神经保护药物等作用的研究过程中,密切观察其对细胞死亡通路影响,则可为细胞死亡的深入认识提供资料。

抗肿瘤药物引起细胞死亡的过程非常短暂,需要选择最佳的时间点建立方法来检测细胞存活或死亡机制。不同化合物引起的细胞杀伤作用动力学不同,若能够持续动态监测细胞活力和毒性,就可以选择最佳的时间点并结合后续的终点检测方法来获取更多的药物作用机制的信息[54]。图 1.24 为在不同生物学机制化合物作用下 A549 细胞的特征响应曲线[46]。

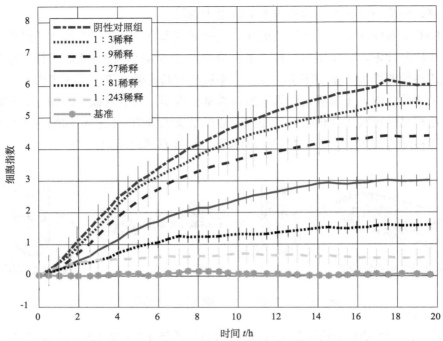

图 1.23　VEGF 诱导 HUVEC 细胞的迁移

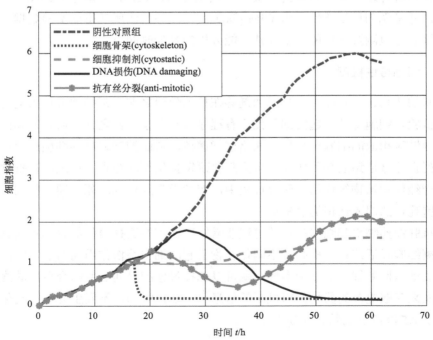

图 1.24　不同生物学机制化合物作用下 A549 细胞的特征响应曲线

基于阻抗检测得到的动力学图谱能够提供化合物引起的细胞毒性作用的瞬时效应信息，此外，在药物细胞毒性试验中，RTCA 检测能够精确确定化合物介导的细胞毒性作用发挥最大效应的时间点，帮助研究人员更好地控制和优化试验，有助于药物作用机制的研究与揭示。有关 RTCA 在细胞毒性方面的研究有：

(1) 化合物介导的细胞毒性；

(2) 辐射介导的细胞毒性；

(3) 纳米颗粒介导的细胞毒性。

1.4　RTCA 细胞毒性数据的预处理

如前所说，RTCA 的工作原理是将细胞株接种在结合了微电子细胞传感器内部芯片的培养板底部，附近的离子环境决定了微电极的阻抗，细胞株的生长变化使得微孔的阻抗也发生变化，通过系统内嵌算法，可以将阻抗值转换成实验输出的无量纲参数：细胞指数 (cell index, CI)，该值大小直接反映贴壁细胞的数量、形态及黏附能力等特征，并以此绘制出细胞毒性响应曲线 (time-dependent cellular response curve, TCRC)，细胞指数的计算公式如下：

$$CI = \max_{i=1,\cdots,n} \left[\frac{R_{cell}(f_i)}{R_b(f_i)} - 1 \right] \tag{1.1}$$

式中，$R_{cell}(f_i)$ 和 $R_b(f_i)$ 分别表示微孔中有细胞株和无细胞株时的阻抗；n 是测量阻抗时频率点的总数。

在细胞接种中，由于人工操作的差异，种植在每个微孔中细胞初始数量略微有一些差异，随着细胞的分裂，这种差异会越来越大 (图 1.25(a))，从而导致细胞毒性分析的结果出现差异。为了获得较为一致性的评估结果，在细胞暴露时刻，采用归一化的方法，获得校正细胞指数 (normalized cell index, NCI)，即

$$N(t) = \frac{CI(t)}{CI(0)}, \quad t = 1, 2, \cdots, T \tag{1.2}$$

式中，t 为采样时间；T 为实验终止时间；$CI(0)$ 指细胞株暴露于化学物质的初始细胞数量。

这样，在靶细胞暴露时刻，所有的校正细胞指数 $N(0) = 1$ (图 1.25(b))。

此外，在细胞暴露实验中，操作员需要将 E-Plate 从 RTCA 工作台中取出，接种相应待测化学物质，从而导致 CO_2 培养箱的环境发生变化，使得靶细胞暴露初期 CI 值不稳定，即会出现异常值 (如图 1.26(a) 圆圈圈出部分所示)，影响后期

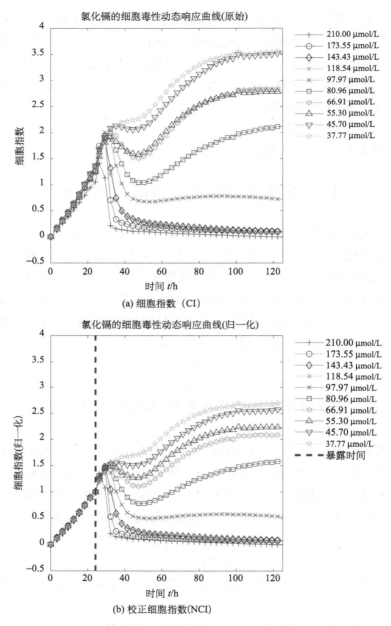

图 1.25 氯化镉(cadmium chloride)的 CI 值与 NCI 值

评估算法的效果，图 1.26(b)为图 1.26(a)所示异常值的局部放大图。因此，在分析 RTCA 细胞毒性数据之前，需要对 RTCA 细胞毒性数据进行预处理。

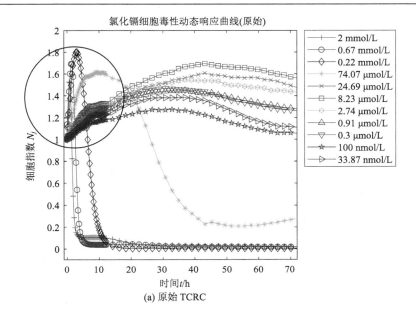

(a) 原始 TCRC

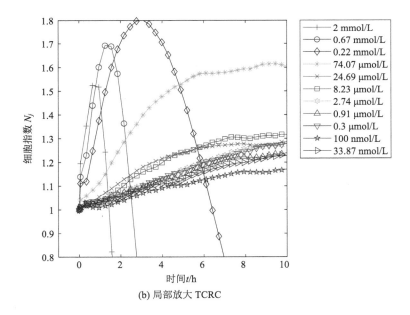

(b) 局部放大 TCRC

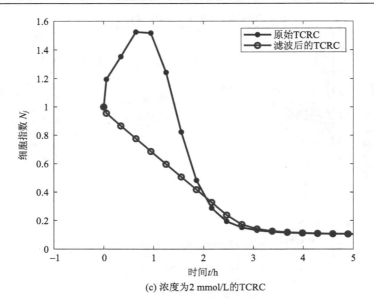

(c) 浓度为2 mmol/L的TCRC

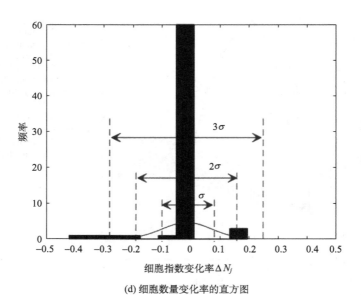

(d) 细胞数量变化率的直方图

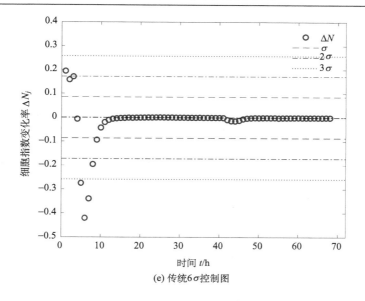

(e) 传统 6σ 控制图

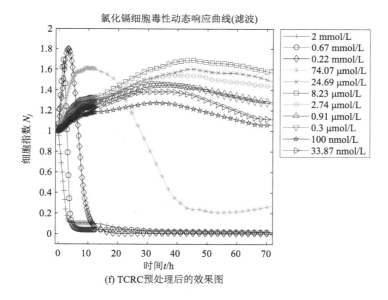

(f) TCRC预处理后的效果图

图 1.26　细胞动态响应及异常值检测结果图

如图 1.26(c) 所示，以氯化镉浓度为 2 mmol/L 为例，依据细胞毒性响应曲线 TCRC 的时间序列特性，设计检测异常值的算法步骤如下[55]。

步骤 1：读入待检测时间序列数据 $\left\{N(t)\right\}_{t=1}^{T}$。

步骤 2：对每一条 TCRC，计算时间序列数据的变化速率：

$$\Delta N(t) = N(t+1) - N(t),\ t = 1, 2, \cdots, T-1 \tag{1.3}$$

该值描述了细胞数目在采样间隔的变化率。在某个给定的时间内，该值越大，说明细胞的生长/死亡越快。

步骤 3：计算 $\left\{\Delta N(t)\right\}_{t=1}^{T-1}$ 的均值 μ 与方差 σ：

$$\begin{cases} \mu = \dfrac{1}{T-1}\displaystyle\sum_{t=1}^{T-1}\Delta N(t) \\[2mm] \sigma = \sqrt{\dfrac{1}{T-2}\displaystyle\sum_{t=1}^{T-1}\left[\Delta N(t) - \mu\right]^2} \end{cases} \tag{1.4}$$

步骤 4：获得异常点发生位置 $\hat{t}$：

$$\hat{t} \in \left\{ \left|\Delta N(t) - \mu\right| > \lambda\sigma \right\} \tag{1.5}$$

式中，λ 为系统的检测增益（$\lambda = 1, 2, 3, \cdots$），$\lambda$ 值直接影响异常值检测的有效性。

（1）$\lambda = 1$，则认为该时间序列数据的变化速率落入均值 μ 前后各一个 σ 的区间里的比例为 68.23%，对快速变化的数据误判率较高；

（2）$\lambda = 2$，则认为该时间序列数据的变化速率落入均值 μ 前后各一个 2σ 的区间里的比例为 95.44%，能满足大部分时间序列数据；

（3）$\lambda = 3$，则认为该时间序列数据的变化速率落入均值 μ 前后各一个 3σ 的区间里的比例为 99.74%，算法只能修复极端明显的异常值，检测标准过于宽松。

步骤 5：查找异常值发生位置最相邻的两个采样点 (t_1, t_2)，且 $0 < t_1 < \hat{t} < t_2 < T$，利用线性内插法修复原始的时间序列号：

$$\hat{N}(\hat{t}) = N(t_1) + \frac{N(t_2) - N(t_1)}{t_2 - t_1}(\hat{t} - t_1) \tag{1.6}$$

根据以上提出的算法，计算得到图 1.26(c) 的细胞数目变化率直方图，如图 1.26(d) 所示。若设置 $\lambda = 1$，则算法检测到 8 个异常值点，如图 1.26(e) 虚线外所示；若设置 $\lambda = 2$，则算法检测到 6 个异常值点，如图 1.26(e) 点划线外所示；若设置 $\lambda = 3$，则算法检测到 3 个异常值点，如图 1.26 图(e) 点线外所示。由此可见，$\lambda = 2$ 比较符合细胞暴露过程的数据预处理。采用线性内插法修复异常值点，相比较原始曲线，处理后的曲线更为平滑，如图 1.26(f) 所示，能真实反映靶细胞接种化学物质后的动力学行为。

参 考 文 献

[1] 浦天庆. 体外细胞毒性动态评估与可靠性分析研究. 镇江: 江苏大学, 2015.

[2] 王海棠, 王云, 田英, 等. 活化卫星胶质细胞参与牙髓炎症及痛觉过敏的实验研究. 口腔医学研究, 2015, 31(2): 117-122.

[3] Garle M J, Fentem J H, Fry J R. *In vitro* cytotoxicity tests for the prediction of acute-toxicity *in vivo*. Toxicology in Vitro, 1994, 8(6): 1303-1312.

[4] 刘密凤, 郭家彬, 彭双清, 等. 体外方法在化学物质急性毒性评价中的应用. 毒理学杂志, 2007, 21(3): 235-238.

[5] 马凤森, 喻炎, 章捷, 等. 生物材料细胞毒性评价研究进展. 材料导报 A: 综述篇, 2018, 32(1): 76-85.

[6] 陈娇. 细胞毒性数据的函数分析方法研究. 镇江: 江苏大学, 2018.

[7] 许开立. 基于细胞毒性响应的化学物质识别算法研究. 镇江: 江苏大学, 2015.

[8] 付桂英, 孙燕, 陈姗姗. 细胞电阻抗传感技术在药学领域的应用研究进展. 军事医学, 2013, 37(3): 238-240.

[9] 陈姗姗. 基于细胞阻抗传感技术的肿瘤耐药性评估研究. 北京: 中国人民解放军军事医学科学院, 2016.

[10] 胡朝颖. 细胞阻抗和电位检测复合传感器及其在药物分析中应用的研究. 杭州: 浙江大学, 2010.

[11] 艾森生物. 16 孔无线连接实时无标记细胞分析仪. [2019-06-25]. https://www.aceabio.com.cn/products/rtca-s16.

[12] 蔡华. 基于集成芯片的多功能细胞生理自动分析仪研究. 杭州: 浙江大学, 2010.

[13] 苏凯麒. 基于 ECIS 细胞传感器和图像检测的海洋毒素分析系统设计. 杭州: 浙江大学, 2014.

[14] 袁世英. 一种基于最小二乘圆模型的生物电阻抗测量系统及实验研究. 武汉: 华中科技大学, 2003.

[15] 刘娟娟, 谭春, 杜合军, 等. 基于 ECIS 技术研究匙吻鲟细胞生长特性. 湖北大学学报(自然科学版), 2018, 40(3): 296-314.

[16] 王天星, 黎洪波, 苏凯麒, 等. 基于细胞电阻抗传感器的细胞多生理参数分析系统设计. 传感技术学报, 2014, 27(12): 1589-1595.

[17] 任超世. 生物电阻抗测量技术. 中国医疗器械信息, 2004, 10(1): 21-25.

[18] 吴成雄. 用于检测细胞生长、代谢和成像的细胞传感器及其测试系统的研究. 杭州: 浙江大学, 2013.

[19] 胡清清, 崔垚, 张帆, 等. 阻抗在细胞检测中的应用进展. 化学传感器, 2015, 35(4): 1-8.

[20] 林珊聿, 许钲宗. 阻抗式生医感测元件于 PC12 细胞贴附与分化之鉴别研究. 新竹: 台湾交通大学, 2009.

[21] 刘清君, 胡朝颖, 叶伟伟, 等. 微电极阵列细胞阻抗传感器研究. 传感技术学报, 2009, 22(4): 447-450.

[22] 张晓晨, 崔传金, 龚瑞昆, 等. 用于细胞检测的叉指微电极阻抗传感器研究进展. 分析试验室, 2018, 37(4): 475-479.

[23] Xu X, Wang X. Impedance based devices and methods for use in assays: US7470533. 2008-12-30.

[24] 马丽娜, 张乐乐, 熊吟, 等. 基于细胞动态生物反应谱的抗肿瘤先导化合物筛选方法研究. 药学学报, 2014, 49(5): 695-700.

[25] 严国俊, 裴燕芳, 朱贞宏, 等. 实时细胞电子分析技术的应用研究进展. 中国药学杂志, 2014, 49(3): 169-173.

[26] Giaever I, Keese C R. Monitoring fibroblast behavior in tissue culture with an applied electric field. Proceedings of the National Academy of Sciences, 1984, 81(12): 3761-3764.

[27] Keese C R, Karra N, Dillon B, et al. Cell-substratum interactions as a predictor of cytotoxicity. *In Vitro* and Molecular Toxicology: Journal of Basic and Applied Research, 1998, 11(2): 183-192.

[28] Keese C R, Wegener J, Walker S R, et al. Electrical wound-healing assay for cells *in vitro*. Proceedings of the National Academy of Sciences, 2004, 101(6): 1554-1559.

[29] Wegener J, Keese C R, Giaever I. Electric cell-substrate impedance sensing(ECIS) as a noninvasive means to monitor the kinetics of cell spreading to artificial surfaces. Experimental Cell Research, 2000, 259(1): 158-166.

[30] Grimnes S, Martinsen Ø G. Bioimpedance and Bioelectricity Basics. New York: Academic Press, 2000.

[31] Kataoka N, Iwaki K, Hashimoto K, et al. Measurements of endothelial cell-to-cell and cell-to-substrate gaps and micromechanical properties of endothelial cells during monocyte adhesion. Proceedings of the National Academy of Sciences of the United States of America, 2002, 99(24): 15638-15643.

[32] Huang Y, Sekhon N S, Borninski J, et al. Instantaneous, quantitative single-cell viability assessment by electrical evaluation of cell membrane integrity with microfabricated devices. Sensors and Actuators A (Physical), 2003, 105(1): 31-39.

[33] Noiri E, Hu Y, Bahou W F, et al. Permissive role of nitric oxide in endothelin-induced migration of endothelial cells. Journal of Biological Chemistry, 1997, 272(3): 1747-1752.

[34] Wang L, Zhu J, Deng C, et al. An automatic and quantitative on-chip cell migration assay using self-assembled monolayers combined with real-time cellular impedance sensing. Lab on A Chip, 2008, 8(6): 872-878.

[35] McCoy M H, Wang E. Use of electric cell-substrate impedance sensing as a tool for quantifying cytopathic effect in influenza A virus infected MDCK cells in real-time. Journal of Virological Methods, 2005, 130(1-2): 157-161.

[36] Woolley D E, Tetlow L C, Adlam D J, et al. Electrochemical monitoring of anticancer compounds on the human ovarian carcinoma cell line A2780 and its adriamycin- and cisplatin-resistant variants. Experimental Cell Research, 2002, 273(1): 65-72.

[37] Kroemer G, El-Deiry W S, Golstein P, et al. Classification of cell death: Recommendations of the Nomenclature Committee on Cell Death. Cell Death and Differentiation, 2005, 12(12): 1463-1467.

[38] Xiao C, Luong J H T. On-line monitoring of cell growth and cytotoxicity using electric

cell-substrate impedance sensing（ECIS）. Biotechnology Progress, 2003, 19（3）: 1000-1005.

[39] 仪器信息网. ECIS 细胞动态分析仪. [2019-06-25]. https://www.instrument.com.cn/ netshow/ SH104199/C306892.htm.

[40] 人人实验. 德国 Bionas 公司的 Bionas-2500 细胞代谢监测仪. [2019-06-25]. https://www. renrenlab.com/instrument/795524.

[41] Thedinga E, Kob A, Holst H, et al. Online monitoring of cell metabolism for studying pharmacodynamic effects. Toxicology and Applied Pharmacology, 2007, 220（1）: 33-44.

[42] 生物通. CellKey 96 无标记检测系统. [2019-06-25]. http://instrument.ebiotrade.com/index. php/Home/Goods/goodsdetails/gid/763693.html.

[43] Alexander F, Eggert S, Wiest J. A novel lab-on-a-chip platform for spheroid metabolism monitoring. Cytotechnology, 2018, 70（1）: 375-386.

[44] 生物在线. Cellasys 细胞代谢监测仪. [2019-06-25]. http://www.bioon.com.cn/product/ Show_product.asp?id=369138.

[45] Solly K, Wang X, Xu X, et al. Application of real-time cell electronic sensing（RT-CES） technology to cell-based assays. Assay and Drug Development Technologies, 2004, 2（4）: 363-372.

[46] 艾森生物. 细胞入侵和迁移实时测量（RTCA）DP 实时细胞分析仪. [2019-06-25]. https://www.aceabio.com.cn/products/rtca-dp.

[47] Guo L, Abrams R M C, Babiarz J E, et al. Estimating the risk of drug-induced proarrhythmia using human induced pluripotent stem cell–derived cardiomyocytes. Toxicological Sciences, 2011, 123（1）: 281-289.

[48] 艾森生物. 心肌毒性. [2019-06-25]. https://www.aceabio.com.cn/applications/cardiosafety-drug-induced-arrythmia.

[49] 常艳, 魏伟. 细胞共培养及其应用的研究进展. 中国临床药理学与治疗学, 2009, 14（7）: 827-832.

[50] 邓跃毅, 陈以平, 张志刚. 贴壁细胞共培养的一种方法. 中华病理学杂志, 1999, 28（4）: 298-299.

[51] Ridley A J, Schwartz M A, Burridge K, et al. Cell migration: Integrating signals from front to back. Science, 2003, 302（5651）: 1704-1709.

[52] Lauffenburger D A, Horwitz A F. Cell migration: A physically integrated molecular process. Cell, 1996, 84（3）: 359-369.

[53] Müller J, Thirion C, Pfaffl M W. Electric cell-substrate impedance sensing（ECIS）based real-time measurement of titer dependent cytotoxicity induced by adenoviral vectors in an IPI-2I cell culture model. Biosensors and Bioelectronics, 2011, 26（5）: 2000-2005.

[54] Xing J Z, Zhu L, Jackson J A, et al. Dynamic monitoring of cytotoxicity on microelectronic sensors. Chemical Research in Toxicology, 2005, 18（2）: 154-161.

[55] 陈娇, 潘天红, 张明. 基于信号变化速率的时间序列异常值检测方法. 北京工业大学学报, 2014, 40（7）: 992-995.

第 2 章 细胞毒性动力学模型参数估计方法

2.1 引　　言

生物学和大数据分析技术相结合形成了一个新的领域——生物信息学，主要包括对生物数据的采集、处理、存储、传播、分析和解释等各个方面。利用数学与计算方法对细胞毒性数据进行分析，是毒理学研究中的一个重要环节，它可以阐明靶细胞的毒性反应、剂量相关性、细胞毒性与药物暴露的关系[1]。因此，可通过对待测化学物质的细胞毒性试验数据分析，利用数学建模方法来了解该化学物质在靶细胞中的动态响应过程，并预测该化学物质可能引起的不良反应，确定未观察到毒性反应的剂量水平，以形成对细胞作用整体的认识[2-7]。

当靶细胞暴露在有毒化学物质中，靶细胞经历生理和病理变化，包括形态学改变、细胞周期阻滞、DNA 损伤、细胞凋亡和坏死等[8]。这种变化是动态的，很大程度上取决于细胞系/株类型、有毒物质的性质与其浓度大小及暴露时间的长短等。为描述这种动态的细胞毒性响应，Xing 等从机制模型出发，分析细胞膜内与细胞膜外毒素浓度对细胞死亡的影响，构建化学物质的细胞毒性动力学模型，并采用非线性优化算法获得机制模型参数，该模型能较好地预测细胞群长期效应[9]；Miao 等利用非线性常微分方程描述体外 HIV 病毒适应性的反应，并通过统计性估计、模型选择以及多模型均值，解决该模型的参数估计[10]；Anton 等基于逻辑方程和线性动力学，构建细胞毒性的动力学方程，并采用最大期望值法（expectation maximization, EM），估计方程参数，然而，细胞毒性机制与细胞形态学纷繁复杂，往往难以获得较好的预测精度[11]。Huang 和 Xing 利用黑箱建模的思想，采用 ARX 模型描述细胞毒性的动态响应过程，较好地预测了化学物质的细胞毒性短期效应[12]。Khatibisepehr 等则利用支持向量机回归（support vector regression, SVR）算法，构建化学物质细胞毒性的 v-SVR 模型，四种化学物质的细胞毒性实验验证了 v-SVR 模型的有效性与鲁棒性[13]。然而，SVR 建模方法对缺失数据较为敏感，且其核函数及其参数选择依赖于经验，无统一标准。

2.2   细胞毒性动力学模型描述

细胞毒性是化学物质(药物)作用于细胞基本结构和(或)生理过程,如细胞膜或细胞骨架结构,细胞的新陈代谢过程,细胞组分或产物的合成、降解或释放,离子调控及细胞分裂等过程,导致细胞存活、增殖和(或)功能的紊乱,所引发的不良反应。以小鼠胚胎成纤维细胞(NIH3T3)为例,将其暴露在不同浓度的萘酚(naphthol)中,其增殖抑制与衰亡随时间变化的响应如图 2.1 所示。由图可知,随着萘酚浓度的增加,NIH3T3 细胞存活数量逐渐减少,呈现明显的细胞毒性。该机制过程一般包括:细胞毒性吸收和细胞死亡。

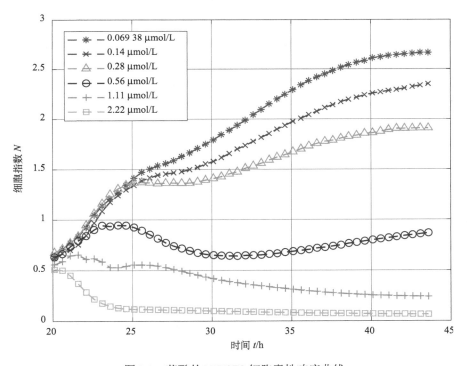

图 2.1   萘酚的 NIH3T3 细胞毒性响应曲线

细胞毒性吸收机制是毒性化学物质进入细胞的运转过程[14,15],可用米氏动力学(Michaelis-Menten kinetics)描述,其常微分方程如下:

$$\dot{c}_i = k_1 \left(k_2 c_e + \frac{k_3 c_e}{k_4 + c_e} - c_i \right) \tag{2.1}$$

式中，c_i 为细胞膜内毒素浓度；c_e 为细胞外化学物质的浓度；k_1, k_2, k_3, k_4 为动力学方程系数；$k_2 c_e$ 描述了化学物质的线性扩散过程（linear diffusion），而 $\dfrac{k_3 c_e}{k_4 + c_e}$ 描述载体转运过程（carrier-mediated transport）。

细胞死亡机制则指细胞暴露在不同化学物质中，出现细胞坏死（necrosis）与细胞凋亡（apoptosis）两种现象，其中，细胞坏死是极端的物理、化学因素或严重的病理性刺激引起的细胞损伤和死亡，是非正常死亡，主要取决于细胞膜内毒素浓度，其细胞数量变化可描述如下：

$$\dot{N} = \left(k_5 - k_6 c_i \right) N \tag{2.2}$$

式中，N 为细胞存活的数量；c_i 为细胞膜内毒素浓度；k_5, k_6 为方程系数。

细胞凋亡则是细胞的一种生理性、主动性的"自觉自杀行为"，属于程序性死亡，由细胞体外毒素浓度与细胞膜内毒素浓度共同决定，其细胞数量变化可描述如下：

$$\dot{N} = \left(k_5 + k_6 c_i + k_7 c_e \right) N \tag{2.3}$$

式中，k_5, k_6, k_7 为方程系数。

因此，细胞毒性响应的动力学模型可描述为

$$\begin{cases} \dot{c}_i = k_1 \left(k_2 c_e + \dfrac{k_3 c_e}{k_4 + c_e} - c_i \right) \\ \dot{N} = \left(k_5 - k_6 c_i \right) N \end{cases} \tag{2.4}$$

或者

$$\begin{cases} \dot{c}_i = k_1 \left(k_2 c_e + \dfrac{k_3 c_e}{k_4 + c_e} - c_i \right) \\ \dot{N} = \left(k_5 + k_6 c_i + k_7 c_e \right) N \end{cases} \tag{2.5}$$

在不同浓度化学物质的作用下，细胞数量的变化速率（坏死与凋亡）和趋势完全不一样，如何依据已有的细胞毒性动态响应曲线，估计细胞毒性动力学模型参数，是体外细胞毒性评估中的一项重要研究内容。

2.3 算法原理及步骤

考虑某一细胞株暴露在浓度为 $c_{e,j}(j = 1, 2, \cdots, J)$ 的有毒物质中，假定可以得到该有毒物质的细胞毒性 TCRC 数据集：$\left\{ \left\{ N_j(t), c_{e,j}, t \right\}_{t=1}^{L} \right\}_{j=1}^{J}$，定义参数向量

$k = [k_1, k_2, \cdots, k_n]^T$，参数估计的目标函数可定义为[16]

$$\hat{k} = \underset{k}{\arg\min} \left\{ \sum_{j=1}^{J} \sum_{t=1}^{L} \left[N_j(t) - \hat{N}_j(t) \right]^2 \right\} \tag{2.6}$$

式中，L 为用于参数估计的样本个数；$N_j(t)$，$\hat{N}_j(t)$ 分别为细胞存活数量的测量值和模型估计值；J 为待测化学物质的测试浓度数。同时，参数向量应满足：

$$k_{\min} \leqslant \hat{k} \leqslant k_{\max} \tag{2.7}$$

这样，细胞毒性动力学模型参数估计问题就转化为在式(2.4)或式(2.5)的等式约束和式(2.7)的上下限约束条件下，式(2.6)的极小值问题。该问题是一典型的带约束非线性规划问题。

求解约束优化问题的思路大致可分为三大类：第一类是将带约束问题转化为无约束问题之后再求解[17-19]，例如罚函数法；第二类是构造合适的迭代格式求解，在迭代过程中，不仅要使目标函数值有所下降，而且要使迭代点都落在可行域内，例如，可行方向法、投影梯度法、复合形法等[20]；第三类是利用一系列简单函数的解点去近似原约束问题的最优解[21]。

本书采用 MATLAB 自带工具箱 fmincon() 求解，其基本步骤如下：

(1) 首先建立 M 文件 CytotoxicModel.m，定义细胞毒性动力学方程：

```
1    function xdot=CytotoxicModel(t,x,ce,k)
2    ci = x(1);
3    N = x(2);
4    xdot(1,1)= k(1)*( k(2)*ce + k(3)*ce /(k(4)+ce)-ci );
5    if ci<0
6        ci=0;
7    end
8    xdot(2,1)= (k(5)-k(6)*ci)*N;
```

备注 1：该函数的输入变量：t 为采样时间；x 为式(2.4)和式(2.5)中的 $[c_i; N]$；ce 为化学物质的浓度 c_e（标量）；k 为式(2.4)和式(2.5)中的动力学方程系数 $[k_1, k_2, k_3, k_4, k_5, k_6]$。

(2) 再建立 M 文件 CytotoxicCost.m，构造优化目标：

```
1    function J = CytotoxicCost(k)
2    global ts ce Nj index
3    for i=1:length(index)
4        x0 = [0.1; Nj(1,index(i))];
5        [T,Yhat] = ode45(@CytotoxicModel,ts,x0,[],ce(index(i)),k);
```

```
6            Yp(:,i)= Yhat(:,2);
7        end
8        SSE = (Yp-Nj(1:length(ts),index)).^2;
9        J = sum(sum(SSE));
```

备注 2：该函数的输入变量：k 为式(2.4)和式(2.5)中的动力学方程系数 $[k_1,k_2,k_3,k_4,k_5,k_6]$。此外，这里需要定义全局变量，便于函数执行，主要包括：ts 为采样时间；ce 为待测化学物质的浓度 c_e(向量)；Nj 为各浓度对应的 TCRCs 数据集(矩阵)；index 为待测化学物质的浓度序号 j(向量)。

(3)用 fmincon 求解带约束条件的非线性规划问题：

```
1     global ts ce Nj index
2     LB = ones(6,1)* 0.01;
3     UB = ones(6,1)* 10;
4     for i=1:10
5         k0 = rand(6,1)* 0.01;
6     [k1,fval]=fmincon(@CytotoxicCost,k0,[],[],[],[],LB,UB,[],[]);
7         if feval<fval,
8             fval=feval;
9             k=k1;
10        end;
11    end;
```

备注 3：fmincon 基本形式：x = fmincon(fun,x0,A,b,Aeq,beq,LB, UB,nonlcon,options)。其中 A,b,Aeq,beq 分别为线性约束条件不等式的系数矩阵、线性约束条件不等式中的右值、线性约束条件等式的系数矩阵和线性约束条件等式中的右值。LB,UB 分别为 x 的最小值和最大值，nonlcon 为非线性约束函数，x0 为初始值，以上如果有不存在的项，则用[]表示。

由于非线性规划求解对初值依赖性较大，可随机生成若干个初值 (rand(6,1)×0.01)计算来获取可能的最优解(本书随机运行了 10 次)。

2.4   算法验证及结果

为验证本书算法的正确性，对小鼠胚胎成纤维细胞(NIH3T3，接种密度为 8000 c/w)进行 RTCA 实验，其化学物质的信息如表 2.1 所示。

表 2.1　四种化学物质

序号	化学物质	溶剂	浓度
1	萘酚 (naphthol)	H_2O	0.06938, 0.14, 0.28, 0.56, 1.11, 2.22 (μmol/L)
2	环烷酸 (naphthenic acid)	H_2O	0.03, 0.09, 0.14, 0.21, 0.32 (μL/mL)
3	铬 (chromium)	H_2O	0.62, 0.91, 1.97, 2.89, 4.25, 5.78 (mg/mL)
4	汞 (mercury)	H_2O	10.43, 15.2, 22.35, 32.8, 48.3, 71 (μmol/L)

对于萘酚 (naphthol)，选择浓度为 69.38 nmol/L、0.14 μmol/L、0.28 μmol/L、0.56 μmol/L 对应的四组细胞毒性响应曲线数据，进行参数估计：

$$J = \left(\sum_{j=1}^{m} \sum_{t=1}^{L} \left(N_j(t) - \hat{N}_j(t) \right)^2 \right)$$

$$\text{s.t.} \begin{cases} \dot{c}_i = k_1 \left(k_2 c_e + \dfrac{k_3 c_e}{k_4 + c_e} - c_i \right) \\ \dot{N}_j = (k_5 - k_6 c_i) N_j \end{cases} \tag{2.8}$$

$$0.0001 < \{k_1, k_2, k_3, k_4, k_5, k_6\} < 15$$

其寻优结果如图 2.2 所示。

由图 2.2(b) 可知，在第 371 步，优化指标 (2.6) 就趋于稳定 (3.7721)，得到的参数估计值为

$$[k_1, k_2, k_3, k_4, k_5, k_6] = [0.4470, 1.0505, 1.0792, 0.001, 0.3126, 0.1267] \tag{2.9}$$

为了验证该动力学模型的预测能力，直接用萘酚的估计模型，预测 6 种浓度下的细胞毒性动态响应 (图 2.3)，其中图 2.3(a) 为模型自校验的 4 条动态响应曲线 (self-validation)，图 2.3(b) 为 1.11 μmol/L 和 2.22 μmol/L 浓度下细胞毒性动态响应的预测结果 (cross-validation)，可以看出：该模型能较好地逼近 RTCA 实验所获得的 TCRCs，能预测萘酚不同浓度下的细胞毒性动态响应。

对环烷酸 (naphthenic acid)，选择浓度为 0.03 μL/mL、0.09 μL/mL 和 0.32 μL/mL 所对应的三组细胞毒性响应曲线数据，进行参数估计，浓度 0.14 μL/mL 和 0.21 μL/mL 所对应的细胞毒性响应曲线用于模型的交叉验证，其结果如图 2.4 所示。

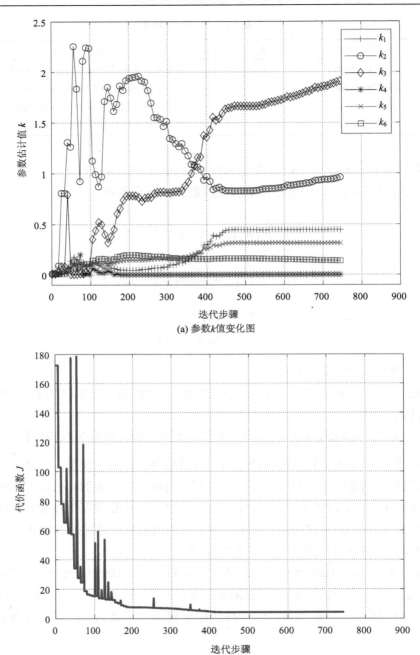

(a) 参数k值变化图

(b) 性能指标J的变化曲线图

图 2.2　细胞动力学模型的参数估计

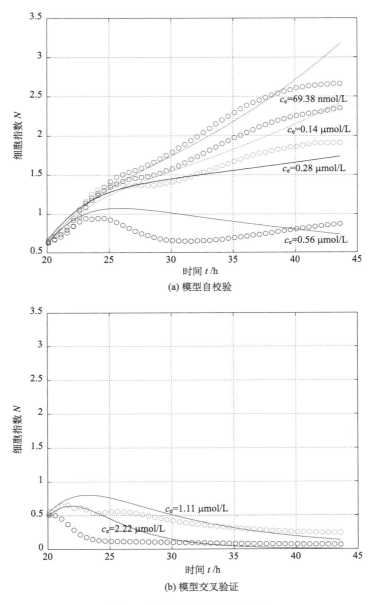

(a) 模型自校验

(b) 模型交叉验证

图 2.3　萘酚细胞毒性模型验证

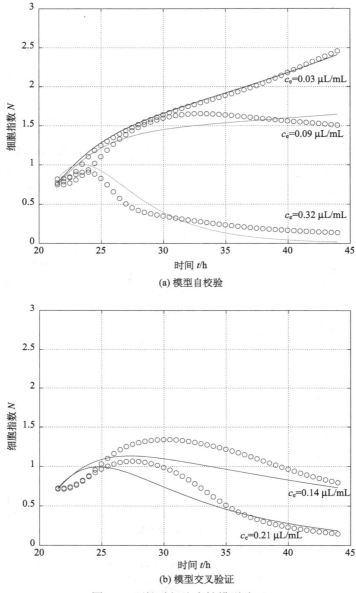

(a) 模型自校验

(b) 模型交叉验证

图 2.4　环烷酸细胞毒性模型验证

其细胞毒性模型的参数估计值为

$$[k_1, k_2, k_3, k_4, k_5, k_6] = [0.2505, 3.1988, 0.0664, 0.1123, 0.2719, 0.4526] \quad (2.10)$$

对铬（chromium），选择浓度为 0.62 mg/mL、0.91 mg/mL 和 5.78 mg/mL 所对应的三组细胞毒性响应曲线数据，进行参数估计，浓度 1.97 mg/mL、2.89 mg/mL

和 4.25 mg/mL 所对应的细胞毒性响应曲线用于模型交叉验证，其结果如图 2.5 所示。

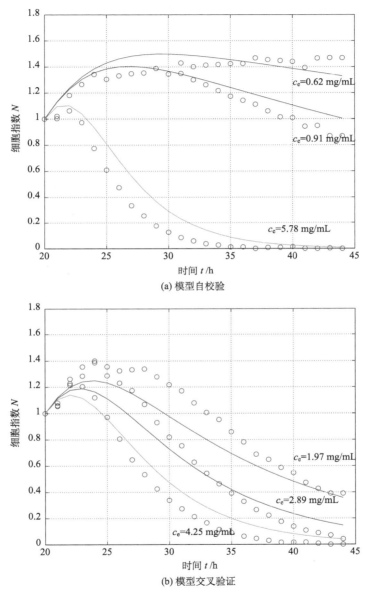

图 2.5　铬细胞毒性模型验证

其细胞毒性模型的参数估计值为

$$[k_1,k_2,k_3,k_4,k_5,k_6]=[0.2831,0.1396,0.4661,0.0001,0.1772,0.3401] \quad (2.11)$$

对汞（mercury），选择浓度为 10.43 μmol/L、15.2 μmol/L 和 71 μmol/L 所对应的三组细胞毒性响应曲线数据，进行参数估计；浓度为 22.35 μmol/L、32.8 μmol/L 和 48.3 μmol/L 所对应的细胞毒性响应曲线用于模型的交叉验证，其结果如图 2.6 所示。

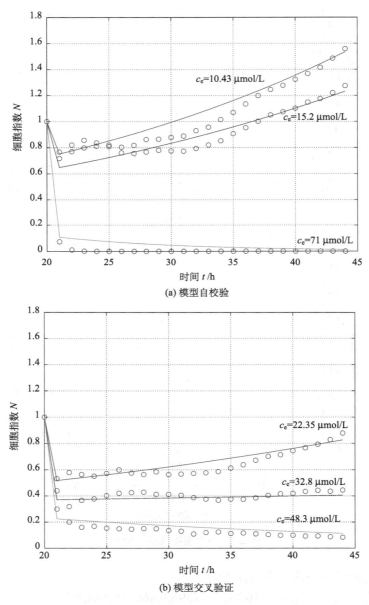

图 2.6　汞细胞毒性模型验证

其细胞毒性模型的参数估计值为

$$\left[k_1,k_2,k_3,k_4,k_5,k_6\right]=\left[7.7349,1.1082,3.213,14.7999,0.0312,0.2084\right] \quad (2.12)$$

2.5　混合物细胞毒性动力学模型辨识

在自然界中，化学物质往往是以混合物的形式存在，研究混合物的细胞毒性动力学模型更具有应用价值。因此，本节以铬(chromium, Cr)与三氯磷酸酯(trichlorfon, Tr)的混合物为例，进行细胞毒性动力学模型辨识。

首先构建不同浓度的混合物，铬的浓度为：3.285 μmol/L、6.57 μmol/L、9.855 μmol/L，三氯磷酸酯的浓度为：0.41 μmol/L、0.82 μmol/L、1.23 μmol/L，将两种化学物质的各个浓度两两混合得到表 2.2 所示的混合物，对小鼠胚胎成纤维细胞(NIH3T3，接种密度为 8000 c/w)进行 RTCA 实验，其细胞毒性响应曲线如图 2.7 所示。由图可知，随着两种物质混合浓度增加，NIH3T3 细胞存活数量逐渐减少，呈现明显的细胞毒性。

由 2.2 节可知，铬的细胞毒性响应的动力学模型可描述为

$$\begin{cases} \dot{c}_{Cr,i} = k_{Cr,1}\left(k_{Cr,2}c_{Cr,e} + \dfrac{k_{Cr,3}c_{Cr,e}}{k_{Cr,4}+c_{Cr,e}} - c_{Cr,i}\right) \\ \dot{N}_{Cr} = \left(k_{Cr,5}-k_{Cr,6}c_{Cr,i}\right)N_{Cr} \end{cases} \quad (2.13)$$

式中，$c_{Cr,i}$ 为细胞膜内毒素浓度，$c_{Cr,e}$ 为细胞外铬的浓度，N_{Cr} 为细胞存活的数量，$k_{Cr,1},k_{Cr,2},k_{Cr,3},k_{Cr,4},k_{Cr,5},k_{Cr,6}$ 为动力学方程系数，可由前节所述的单个化学物质的细胞毒性 RTCA 实验获得，其值为：[0.1667, 0.0256, 0, 1.944, 0.0863, 0.7246]。

表 2.2　铬与三氯磷酸酯的九种混合浓度

混合物	Cr1 = 3.285 μmol/L	Cr2 = 6.57 μmol/L	Cr3 = 9.855 μmol/L
Tr1 = 0.41 μmol/L	① (Cr1 + Tr1)	② (Cr2 + Tr1)	③ (Cr3 + Tr1)
Tr2 = 0.82 μmol/L	④ (Cr1 + Tr2)	⑤ (Cr2 + Tr2)	⑥ (Cr3 + Tr2)
Tr3 = 1.23 μmol/L	⑦ (Cr1 + Tr3)	⑧ (Cr2 + Tr3)	⑨ (Cr3 + Tr3)

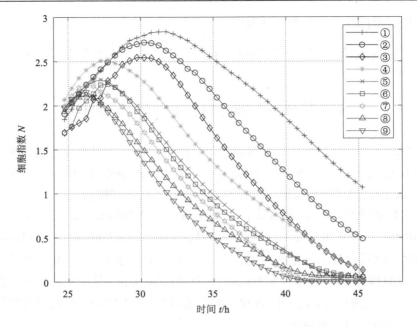

图 2.7　混合物的 NIH3T3 细胞毒性响应曲线

同理，三氯磷酸酯的细胞毒性响应的动力学模型为

$$\begin{cases} \dot{c}_{\mathrm{Tr,i}} = k_{\mathrm{Tr,1}} \left(k_{\mathrm{Tr,2}} c_{\mathrm{Tr,e}} + \dfrac{k_{\mathrm{Tr,3}} c_{\mathrm{Tr,e}}}{k_{\mathrm{Tr,4}} + c_{\mathrm{Tr,e}}} - c_{\mathrm{Tr,i}} \right) \\ \dot{N}_{\mathrm{Tr}} = \left(k_{\mathrm{Tr,5}} - k_{\mathrm{Tr,6}} c_{\mathrm{Tr,i}} \right) N_{\mathrm{Tr}} \end{cases} \tag{2.14}$$

式中，$c_{\mathrm{Tr,i}}$ 为细胞膜内毒素浓度，$c_{\mathrm{Tr,e}}$ 为细胞外三氯磷酸酯的浓度，N_{Tr} 为细胞存活的数量，$k_{\mathrm{Tr,1}}, k_{\mathrm{Tr,2}}, k_{\mathrm{Tr,3}}, k_{\mathrm{Tr,4}}, k_{\mathrm{Tr,5}}, k_{\mathrm{Tr,6}} = \left[0.1273, 0.4392, 0.3054, 0, 0.1241, 0.3609 \right]$ 为动力学方程系数。

在这两种混合物的共同作用下，细胞毒性响应的动力学模型可表述为

$$\dot{N}_{\mathrm{Mix}} = (k_1 \dot{N}_{\mathrm{Cr}} + k_2 \dot{N}_{\mathrm{Tr}} + k_3 N_{\mathrm{Cr}} + k_4 N_{\mathrm{Tr}} + k_5) N_{\mathrm{Mix}} + k_6 \tag{2.15}$$

式中，$k_1, k_2, k_3, k_4, k_5, k_6$ 为混合物的动力学方程系数，N_{Mix} 为细胞存活的数量。

选择表 2.2 中的①、③、⑤、⑦、⑨所示混合物对应的细胞毒性响应数据，使用 fmincon 函数对式(2.13)、(2.14)、(2.15)所构建的动力学模型参数进行估计，可得式(2.15)的参数估计值为

$$\left[k_1, k_2, k_3, k_4, k_5, k_6 \right] = \left[0.0224, 1.0939, 0.0507, 0.0558, -0.2973, -0.006 \right] \tag{2.16}$$

该动力学模型的自校验结果如图 2.8(a)所示，选择表 2.2 中的②、④、⑥、⑧所示混合物对应的细胞毒性响应曲线数据用于交叉验证，其结果如图 2.8(b)所

示。由图 2.8 可知，该模型能够表述混合物的细胞毒性响应。

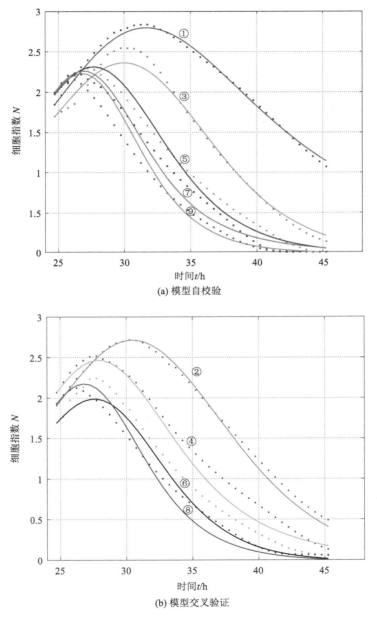

(a) 模型自校验

(b) 模型交叉验证

图 2.8　铬与三氯磷酸酯混合物细胞毒性模型验证

2.6　细胞毒性动力学模型应用

2.6.1　化学物质的浓度估计

基于所建立的细胞毒性动力学模型，结合 RTCA 实验数据，可以快速估算出有毒物质作用于细胞株的浓度，极大地提前了风险预警时间，为食品安全或环境污染的风险评估提供强有力的数据支撑。

重新考虑某化学物质的细胞毒性动力学方程：

$$\begin{cases} \dot{c}_\mathrm{i} = k_1\left(k_2 c_\mathrm{e} + \dfrac{k_3 c_\mathrm{e}}{k_4 + c_\mathrm{e}} - c_\mathrm{i}\right) \\ \dot{N} = (k_5 - k_6 c_\mathrm{i})N \end{cases} \tag{2.17}$$

设该微分方程的结构与参数已知，取状态向量 $\boldsymbol{Z}(t) = \left[c_\mathrm{i}(t), N(t), c_\mathrm{e}(t)\right]^\mathrm{T}$，则系统的状态方程可写成：

$$\frac{\mathrm{d}\boldsymbol{Z}(t)}{\mathrm{d}t} = f\big(\boldsymbol{Z}(t), t\big) + \boldsymbol{\omega}(t) \tag{2.18}$$

式中，$\boldsymbol{\omega}(t) \in \mathbb{R}^3$，为状态噪声；$\omega(t) \sim N(0, \boldsymbol{Q})$；$f(\cdot)$ 为系统的状态函数。

取细胞存活的数量 N 为观测量，则系统的观测方程为

$$\boldsymbol{N}(t+1) = \begin{bmatrix} 0 & 1 & 0 \end{bmatrix} \times \boldsymbol{Z}(t+1) + \boldsymbol{v}(t) \tag{2.19}$$

式中，$\boldsymbol{v}(t) \in \mathbb{R}^1$，为观测噪声；$\boldsymbol{v}(t) \sim N(0, \boldsymbol{R})$。

由于该状态函数为非线性函数，因此，本书采用扩展卡尔曼滤波器（extended Kalman filter, EKF）进行状态估计[22-25]，它主要由两步构成：

状态估计（预测）更新：

$$\begin{aligned} \hat{\boldsymbol{Z}}(t|t-1) &= f\big(\boldsymbol{Z}(t|t-1), \boldsymbol{\omega}(t-1)\big) \\ \boldsymbol{P}(t|t-1) &= \boldsymbol{A}(t-1)\boldsymbol{P}(t-1|t-1)\boldsymbol{A}^\mathrm{T}(t-1) + \boldsymbol{Q}(t) \end{aligned} \tag{2.20}$$

状态测量更新：

$$\hat{\boldsymbol{Z}}(t \mid t) = \hat{\boldsymbol{Z}}(t \mid t-1) + \boldsymbol{K}(t)\left(N(t) - \hat{N}(t)\right)$$

$$\boldsymbol{K}(t) = \boldsymbol{P}(t \mid t-1)\left[\boldsymbol{P}(t \mid t-1) + \boldsymbol{R}(t)\right]^{-1} \qquad (2.21)$$

$$\boldsymbol{P}(t \mid t) = \boldsymbol{P}(t \mid t-1) - \boldsymbol{K}(t)\boldsymbol{P}(t \mid t-1)$$

式中，$\boldsymbol{P}(t)$ 为误差协方差矩阵；$\boldsymbol{K}(t)$ 为卡尔曼增益矩阵；$\boldsymbol{A}(t)$ 为雅可比矩阵：

$$\boldsymbol{A}(t) = \frac{\partial f\left(\boldsymbol{Z}(t), t\right)}{\partial \boldsymbol{Z}(t)} = \begin{bmatrix} -k_1 & 0 & k_1 k_2 + \dfrac{k_1 k_3 k_4}{\left[k_4 + c_e(t)\right]^2} \\ -k_6 y(t) & k_5 - k_6 c_i(t) & 0 \\ 0 & 0 & 0 \end{bmatrix}_{\boldsymbol{Z}(t) = \hat{\boldsymbol{Z}}(t \mid t-1)}$$

$$(2.22)$$

EKF 算法的具体实现过程如表 2.3 所示。

表 2.3　EKF 算法伪代码

1	定义 $\boldsymbol{A}(t) = \dfrac{\partial f\left(\boldsymbol{Z}(t), t\right)}{\partial \boldsymbol{Z}(t)}\bigg|_{\boldsymbol{Z}(t) = \hat{\boldsymbol{Z}}(t \mid t-1)}$
2	初始化：$t = 0$ 设置 $\boldsymbol{Z}(0) = \begin{bmatrix} 0 & 0 & 0 \end{bmatrix}^{\mathrm{T}}$，$R(0) = 0.01$，$\boldsymbol{Q}(0) = \mathrm{diag}\left(1 \times 10^{-9}, 0.1, 1000\right)$，$\boldsymbol{P} = \mathrm{diag}(1000, 10, 10)$
3	估计更新以及测量更新：$t = 1, 2, \cdots$ 计算： 状态与协方差估计更新：$\hat{\boldsymbol{Z}}(t \mid t-1)$，$\boldsymbol{P}(t \mid t-1)$ 卡尔曼增益矩阵与状态测量更新：$\boldsymbol{K}(t)$，$\hat{\boldsymbol{Z}}(t \mid t)$ 协方差测量更新：$\boldsymbol{P}(t \mid t)$

以浓度为 4.25 mg/mL 与 2.89 mg/mL 的铬（chromium）细胞毒性时间响应曲线为例（图 2.9），该细胞毒性动力学模型（2.17）的参数见式（2.11）。在给定细胞毒性时间响应曲线的条件下，依据 EKF 算法，分别在 $t = 14$ 与 $t = 12$ 即可估算出铬的浓度值（图 2.9）。由此可见，依据本书的估计模型，结合 RTCA 实验，可在较短时间估计出有毒物质的浓度。

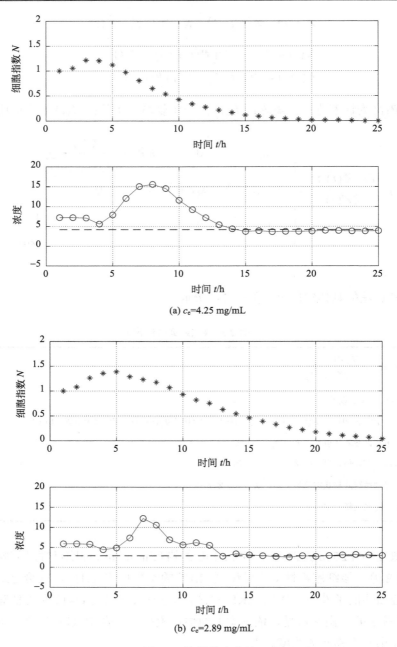

(a) c_e=4.25 mg/mL

(b) c_e=2.89 mg/mL

图 2.9　铬的浓度估计

2.6.2　人体细胞的雌性激素分析

雌性激素是一类有广泛生物活性的类固醇化合物，它不仅有促进和维持女性生殖器官和第二性征的生理作用，并对内分泌系统、心血管系统、肌体的代谢、骨骼的生长和成熟、皮肤等各方面均有明显的影响。然而，过高的雌性激素却会增加妇科疾病的患发率。有研究表明，长期暴露在高水平的雌激素和孕激素环境下，会增加乳腺肿瘤的风险。近年来，在水体、土壤、剩余污泥和畜禽粪便中都检测出不同浓度水平雌激素，对生态环境与人体生命健康产生极大的风险。因此，可通过构建雌激素细胞动力学模型，研究雌性激素对细胞增殖影响，为水体安全性评价提供基础数据和可借鉴的方法，主要包括三个方面[26-28]：

(1)利用细胞毒性动力学模型，预测不同剂量的雌激素的细胞增殖效应，有助于医学专家确定雌激素浓度是否超过容许限度。

(2)利用雌激素细胞毒性响应数据，估算雌激素的浓度，有助于医学专家快速确定雌激素剂量，及时给出相应的医学判据。

(3)利用不同剂量的雌激素的短期细胞应激响应数据，预测细胞毒性响应的未来演变过程，有助于医学专家及早决定是否需要触发预警信息。

本节以人体胶质瘤细胞株（GH3，接种密度为 8000 c/w）为例，将其暴露于不同浓度的 β-雌二醇 17-乙酸酯（Beta- Estrogen 17 acetate）中，通过 RTCA 获取细胞毒性响应数据（图 2.10），进行实例分析。

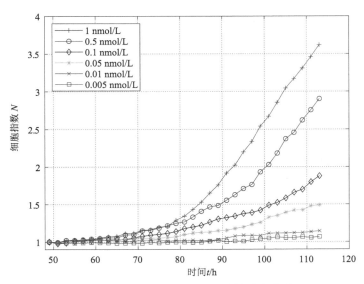

图 2.10　雌激素的 GH3 细胞毒性响应曲线

众所周知，雌激素通过血液循环广泛接触机体各部位的器官、组织和细胞。由于它是脂溶性激素，可以穿过细胞膜跟细胞质的雌激素受体结合形成雌激素-受体复合物，再从细胞质进入细胞核以启动不同蛋白质的合成，如图 2.11 所示[26]。因此，在构建雌激素细胞动力学模型时可考虑雌激素转录调控机制与刺激细胞增殖机制[4]。其模型形式可表述为

$$\begin{cases} \dot{c}_i = k_1 \left(k_2 c_e + \dfrac{k_3 c_e}{k_4 + c_e} - c_i \right) \\ \dot{N} = k_5 N + k_6 \left(c_i^2 + c_i + 1 \right) \end{cases} \tag{2.23}$$

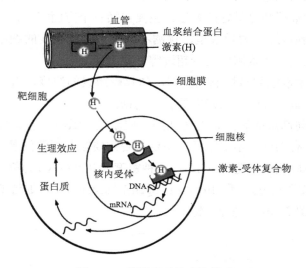

图 2.11　雌激素受体表达模式

选择图 2.10 中[1 nmol/L, 0.1 nmol/L, 0.01 nmol/L]浓度所对应的细胞毒性数据，使用 fmincon 函数对式(2.23)所构建的动力学模型参数进行估计，可得估计值为

$$[k_1, k_2, k_3, k_4, k_5, k_6] = [0.0088, 16.8546, 26.5167, 0.02575, 0, 0.0003] \tag{2.24}$$

该模型的自校验结果如图 2.12 的所示，图中，实线为模型的估计曲线，"."为 RTCA 的采样值。由图可知，该模型具有良好的拟合能力。利用该模型对[0.5 nmol/L, 0.05 nmol/L, 0.005 nmol/L]浓度的雌激素的细胞毒性响应进行预测(如图 2.13 所示)，与 RTCA 所获得的细胞增殖响应基本一致，从而证明利用该模型可以预测任意浓度的雌激素细胞毒性响应。

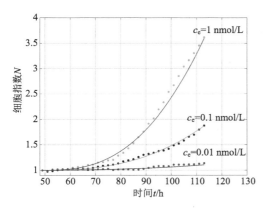

图 2.12　三组 TCRCs 数据构建雌激素细胞动力学模型（自校验）

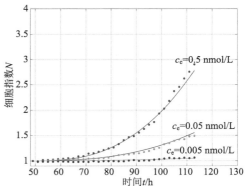

图 2.13　动力学模型预测不同浓度的雌激素的细胞毒性响应（交叉验证）

　　基于所辨识的动力学模型，根据短期的细胞毒性响应，估算雌激素的浓度，以[0.5 nmol/L, 0.05 nmol/L]为例。利用短期的细胞毒性响应数据，采用模型（2.23）与参数（2.24），估计雌激素浓度值。如图 2.14（a）所示，所辨识模型利用 88 h 的数据估算出的浓度值为 0.512 nmol/L，非常接近实际值 0.5 nmol/L；如图 2.14（b）所示，利用 84 h 的数据估算出的浓度值为 0.047 nmol/L，也接近实际值 0.05 nmol/L。从而验证，利用短期实测的细胞毒性数据，可及时估算出雌激素的浓度，便于医学专家快速给出预警机制。

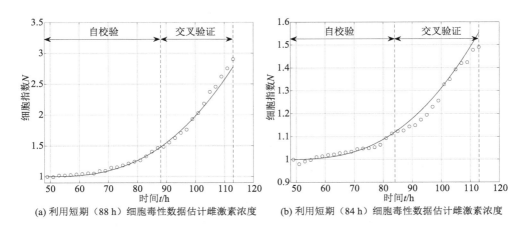

(a) 利用短期（88 h）细胞毒性数据估计雌激素浓度　　　　(b) 利用短期（84 h）细胞毒性数据估计雌激素浓度

图 2.14　雌激素的浓度估计

　　同理，也可利用短期细胞毒性指数数据预测未来细胞毒性响应的演变过程，本

例采用 6 种浓度的雌激素 92 h 的细胞毒性数据，估计模型(2.23)的参数，其值为

$$[k_1, k_2, k_3, k_4, k_5, k_6] = [0.0073, 20.4213, 45.8935, 0.0334, 0, 0.002] \quad (2.25)$$

利用该模型，预测 96～112 h 的细胞毒性演变过程如图 2.15 所示，能够很好捕捉各个浓度雌激素的细胞毒性响应。

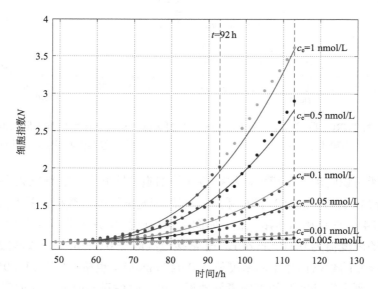

图 2.15　利用短期数据(92 h)预测未来的细胞毒性响应

需要说明的是，由于仅用了短期的数据，该模型的参数估计值与式(2.24)会有一些差异。

2.7　本　章　小　结

基于细胞毒性吸收和细胞死亡机制的细胞毒性动力学模型是用数学的方法，接近或模拟真实的药物作用于细胞的情况，从较深的层次理解化学物质与靶细胞间的各种相互关系，并进行定量描述。

参 考 文 献

[1] 刘涛, 郭辰, 赵晓红. 毒理学研究中的体外细胞毒性评价. 生命科学, 2014, 26(3): 319-324.

[2] Eliaz R E, Nir S, Marty C, et al. Determination and modeling of kinetics of cancer cell killing by doxorubicin and doxorubicin encapsulated in targeted liposomes. Cancer Research, 2004, 64(2): 711-718.

[3] Ostfeld A, Kessler A, Goldberg I. A contaminant detection system for early warning in water

distribution networks. Engineering Optimization, 2004, 36(5): 525-538.

[4] Ibrahim F, Huang B, Xing J Z, et al. Effects of estrogen contamination on human cells: Modeling and prediction based on Michaelis-Menten kinetics//2009 3rd International Conference on Bioinformatics and Biomedical Engineering. IEEE, 2009: 1-4.

[5] Wang Q, Kim D, Dionysiou D D, et al. Sources and remediation for mercury contamination contamination in aquatic systems—a literature review. Environmental Pollution, 2004, 131(2): 323-336.

[6] Clark R M, Grayman W M, Goodrich J A. Toxic screening models for water supply. Journal of Water Resources Planning and Management, 1986, 112(2): 149-165.

[7] Yang W, Nan J, Sun D. An online water quality monitoring and management system developed for the Liming River basin in Daqing, China. Journal of Environmental Management, 2008, 88(2): 318-325.

[8] Ibrahim F, Huang B, Xing J, et al. Early determination of toxicant concentration in water supply using MHE. Water Research, 2010, 44(10): 3252-3260.

[9] Xing J Z, Zhu L, Jackson J A, et al. Dynamic monitoring of cytotoxicity on microelectronic sensors. Chemical Research in Toxicology, 2005, 18(2): 154-161.

[10] Miao H, Dykes C, Demeter L M, et al. Differential equation modeling of HIV viral fitness experiments: Model identification, model selection, and multimodel inference. Biometrics, 2009, 65(1): 292-300.

[11] Anton C, Deng J, Wong Y S, et al. Modeling and simulation for toxicity assessment. Mathematical Biosciences and Engineering, 2017, 14(3): 581-606.

[12] Huang B, Xing J Z. Dynamic modelling and prediction of cytotoxicity on microelectronic cell sensor array. Canadian Journal of Chemical Engineering, 2006, 84(4): 393-405.

[13] Khatibisepehr S, Huang B, Ibrahim F, et al. Data-based modeling and prediction of cytotoxicity induced by contaminants in water resources. Computational Biology and Chemistry, 2011, 35(2): 69-80.

[14] Matsson P, Fenu L A, Lundquist P, et al. Quantifying the impact of transporters on cellular drug permeability. Trends in Pharmacological Sciences, 2015, 36(5): 255-262.

[15] El-Kareh A W, Secomb T W. Two-mechanism peak concentration model for cellular pharmacodynamics of doxorubicin. Neoplasia, 2005, 7(7): 705-713.

[16] 陈娇. 细胞毒性数据的函数分析方法研究. 镇江: 江苏大学, 2018.

[17] Rao C V, Rawlings J B, Mayne D Q. Constrained state estimation for nonlinear discrete-time systems: Stability and moving horizon approximations. IEEE Transactions on Automatic Control, 2003, 48(2): 246-258.

[18] Rao C V, Rawlings J B, Lee J H. Constrained linear state estimation—a moving horizon approach. Automatica, 2001, 37(10): 1619-1628.

[19] Rao C V, Rawlings J B. Constrained process monitoring: Moving-horizon approach. AIChE Journal, 2002, 48(1): 97-109.

[20] Voutilainen A, Pyhälahti T, Kallio K Y, et al. A filtering approach for estimating lake water quality from remote sensing data. International Journal of Applied Earth Observation and

Geoinformation, 2007, 9(1): 50-64.

[21] Łangowski R, Brdys M. Monitoring of chlorine concentration in drinking water distribution systems using an interval estimator. International Journal of Applied Mathematics and Computer Science, 2007, 17(2): 199-216.

[22] Moore T, Stouch D. A generalized extended Kalman filter implementation for the robot operating system//Intelligent Autonomous Systems 13. Springer, Cham, 2016: 335-348.

[23] Haseltine E L, Rawlings J B. Critical evaluation of extended Kalman filtering and moving-horizon estimation. Industrial and Engineering Chemistry Research, 2005, 44(8): 2451-2460.

[24] Mao J Q, Lee J H W, Choi K W. The extended Kalman filter for forecast of algal bloom dynamics. Water Research, 2009, 43(17): 4214-4224.

[25] Kalman R E. A new approach to linear filter and prediction theory. Journal of Basic Engineering, 1960, 82 (1): 35-45.

[26] 张钰婕, 俞捷, 许洁. 雌激素受体在促进生殖系统癌细胞增殖和转化中的作用. 现代预防医学, 2021, 48(6): 1136-1140.

[27] 王琳, 陈兴财, 姜晓满, 等. 不同形态雌激素的环境行为及污染控制. 农业环境科学学报, 2021, 40(8): 1623-1634.

[28] 吴冠澜. 基于电化学方法的新型污染物细胞毒性测定及作用机制研究, 长春: 东北师范大学, 2021.

第3章 基于细胞毒性动态响应曲线的体外细胞毒性评价方法

3.1 引 言

细胞毒性是由细胞或者化学物质引起的单纯的细胞杀伤事件，不依赖于凋亡或坏死的细胞死亡机制[1]。根据欧洲标准化委员会 CEN 1992 年 30 号文件的定义：细胞毒性是指由产品、材料及其浸渍物所造成的细胞死亡、细胞溶解和细胞生长抑制[2,3]。近年来，体外细胞毒性评价由于其周期短、成本低和作用机制易于探明等优势得到快速的发展。目前在体外试验很难监控全身生理效应的前提下，大多数试验都是测定细胞水平效应，即体外细胞毒性。例如，已知抑制有丝分裂的化合物大都用来减缓肿瘤细胞的生长。在限定条件下，可根据药物代谢动力学模型将体外细胞毒性检测的结果外延，并应用到体内研究中。相对于复杂的体内反应，所有体外细胞毒性试验都是简化了的监测事件，但由于其经济、快速、易于量化和可重复性好，且符合替代(replacement)、减少(reduction)和优化 (refinement)，即 3R 的原则，不仅提高了毒理学检测的效率，减少了动物的使用，而且将会使基于人体细胞高通量的体外毒理学检测与筛选得到更广泛的应用[4-6]。

衡量化学物质毒性的参数通常有 IC_{50}、LC_{50}、EC_{50} 及 LD_{50} 等①[7]。1927 年美国生物学家 Trevan 提出用一半动物死亡的剂量评估药物毒性大小，由此确立了 LD_{50} 的基本概念及其"剂量-反应"关系[8]。1975 年美国公共卫生协会、给水工程协会和水污染控制联合会提出以半数致死浓度(LC_{50})和半数效应浓度(EC_{50})表示毒物短期暴露的致死毒性和亚致死毒性。随着研究的不断深入，研究人员发现毒物的致死效应与受试动物的暴露时间密切相关，Martins 等利用暴露 96h 后的 LC_{50} 值评估深海采矿活动中冷水珊瑚急性暴露于铜后对其生存的影响[9]。王彦华等采用滤纸法和人工土壤法测定了 22 种常用除草剂对赤子爱胜蚓的 LC_{50} 值，用于评价农药对土壤动物的影响[10]。Shobha 等利用 48h 的 IC_{50} 评估化学物质的抗癌

---

① IC_{50} (the half maximal inhibitory concentration)；LC_{50} (concentration having caused the death of 50% of the population tested compared to control)；EC_{50} (concentration having 50% of effect compared to control)；LD_{50} (proportions having caused the death of 50% of the population tested)。

效果，并指出 48h 与 72h 的暴露结果需要做进一步的探讨[11]。Sjöström 等对 67 种参考化合物的 IC_{50} 与 LD_{50} 进行相关性分析（$R^2 = 0.56$），证实体外人体细胞株细胞毒性检测数据 IC_{50} 与啮齿动物 LD_{50} 值有良好的相关性[12]。在毒理学中，经口服，腹腔、静脉或皮下注入，皮肤染毒方式引起急性中毒的半数致死量一般以 LD_{50} 表示[13]；以吸入的染毒方式引起急性中毒的半数致死浓度一般以 LC_{50} 表示[14,15]；空气中的物理因素（如核辐射）引起哺乳动物半数死亡的剂量用 LD_{50} 表示[16-18]。EC_{50} 常用来描述药物或抑制剂的功效，是一类药物的安全指标，通常其值越大越安全。IC_{50} 是指被测量的拮抗剂的半抑制浓度[19]。它表示某一药物或者物质（抑制剂）在抑制某些生物程序（或者是包含在此程序中的某些物质，比如酶、细胞受体或是微生物）的半量。在凋亡方面，可以理解为一定浓度的某种药物诱导肿瘤细胞凋亡 50%，该浓度称为 50% 抑制浓度，即凋亡细胞与全部细胞数之比等于 50% 时所对应的浓度。

在 RTCA 系统中，其记录的细胞毒性动态响应曲线（time-dependent cellular response curve, TCRC）具有明显的时间序列特性[20,21]，如何根据 TCRC 曲线特征，提出相应的指标评估某种化学物质的细胞毒性大小，是 RTCA 分析技术中一个重要研究内容。本书基于传统的单一时间点，给出 LC_{50} / GI_{50} 细胞毒性的计算方法，并基于 TCRC 的曲线特征，提出另外两种新的评估细胞毒性大小指标 AUC_{50} 与 KC_{50}。

3.2　LC_{50}/GI_{50} 算法及步骤

细胞毒性是化学物质（药物）作用于细胞基本结构和（或）生理过程，如细胞膜或细胞骨架结构，细胞的新陈代谢过程，细胞组分或产物的合成、降解或释放，离子调控及细胞分裂等过程，导致细胞存活、增殖和（或）功能的紊乱，所引发的不良反应。一般呈现"细胞生长""细胞增殖抑制""细胞衰亡"等几个阶段。在不同的阶段，可用不同的指标①描述细胞毒性，其对应关系如图 3.1 所示，其中，横坐标表示某化学物质浓度对数值，纵坐标表示该化学物质的细胞毒性指数，由图可知，化学物质浓度越大，所对应的毒性作用也越大。

---

① GI_{50} (concentration having 50% growth inhibition compared to control) 与 IC_{50} 物理意义一致；

　TGI (concentration having total growth inhibition compared to control) 表示细胞总的生长抑制情况。

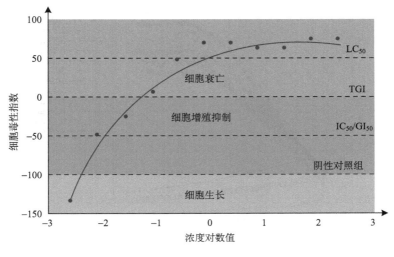

图 3.1　标准细胞毒性曲线

为评估细胞毒性大小，在 RTCA 系统中，对人肝肿瘤细胞株 HepG2 进行实验（E-Plate 微孔中初始细胞数为 4000），将其暴露于 11 种浓度的氯化汞（mercury（Ⅱ）chloride）中（稀释比例 1∶3，具体浓度值见表 3.1），图 3.2 为 RTCA 系统所记录的 72h 的细胞毒性动态响应曲线 TCRCs（采样间隔为 2h），其中 NC 为阴性对照组的 TCRC。

LC_{50}/GI_{50} 计算流程[22, 23]如下：

（1）读入 RTCA 系统记录细胞株的阴性对照组 TCRC 数据 $\left\{N_c\left(t\right)\right\}_{t=1}^{T}$ 和不同浓度待测化学物质 TCRCs 数据 $\left\{N_j\left(t\right)\right\}_{t=1}^{T}$，$j=1,2,\cdots,J$ 为所选测试浓度的序号（这里 $J=11$），t 为采样时间，T 为实验终止时间。

（2）计算 t 时刻，细胞株暴露于第 j 个浓度 $c_{e,j}$ 时，该化学物质的细胞毒性指数 $TI\left(c_{e,j}\right)$：

$$TI\left(c_{e,j},t\right)=\begin{cases} \dfrac{N_j\left(t\right)-N_j\left(0\right)}{N_c\left(t\right)-N_c\left(0\right)}\times100\%, & N_j\left(t\right)\geqslant N_c\left(0\right) \\[3mm] \dfrac{N_j\left(t\right)-N_j\left(0\right)}{N_c\left(0\right)}\times100\%, & N_j\left(t\right)<N_c\left(0\right) \end{cases} \tag{3.1}$$

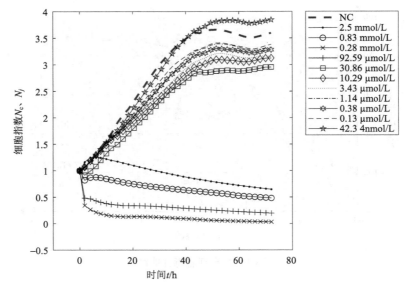

图 3.2　氯化汞的细胞毒性动态响应曲线

式中，$N_j(t)$ 和 $N_c(t)$ 分别指在 t 时刻细胞株暴露于化学物质第 j 个浓度 $c_{e,j}$ 后的细胞存活数量和阴性对照组的细胞存活数量；$N_j(0)$ 和 $N_c(0)$ 分别指细胞株暴露于化学物质第 j 个浓度 $c_{e,j}$ 时的初始细胞数量和阴性对照组初始细胞数量（$N_j(0)=N_c(0)$）。

　　若 $N_j(t) \geqslant N_c(0)$，则细胞呈现增殖抑制状态；反之，细胞呈现死亡状态。以作用时间点（24h、48h、72h）为例，所计算氯化汞的细胞毒性指数 $\mathrm{TI}(c_{e,j})$ 如表 3.1 所示。

表 3.1　氯化汞细胞毒性指数 $\mathrm{TI}(c_{e,j})$

序号	浓度 ($c_{e,j}$)	细胞毒性指数 $\mathrm{TI}(c_{e,j})$		
		24 h	48 h	72 h
1	2.5 mmol/L	−4.77	21.69	35.17
2	0.83 mmol/L	26.75	42.05	51.64
3	0.28 mmol/L	86.71	93.92	96.76
4	92.59 μmol/L	66.16	74.73	80.31
5	30.86 μmol/L	−61.79	−70.7	−75.33
6	10.29 μmol/L	−70.77	−78.9	−81.85
7	3.43 μmol/L	−74.64	−83.1	−82.79
8	1.14 μmol/L	−79.76	−89.97	−89.75

续表

序号	浓度 ($c_{e,j}$)	细胞毒性指数 TI($c_{e,j}$)		
		24 h	48 h	72 h
9	0.38 μmol/L	−78.58	−86.7	−87.84
10	0.13 μmol/L	−82.8	−90.64	−91.77
11	42.34 nmol/L	−90.87	−105.78	−109.57

(3) 由四参数"剂量-反应"模型[24]，采用非线性回归算法获取各时间点 t 的方程系数值 $p_1(t), p_2(t), p_3(t), p_4(t)$。

$$\mathrm{TI}\left(c_{e,j}, t\right) = p_1(t) + \frac{p_2(t) - p_1(t)}{1 + \exp\left[-\dfrac{\lg(c_{e,j}) - p_3(t)}{p_4(t)}\right]} \tag{3.2}$$

式中，$c_{e,j}$ 为待测化学物质的第 j 个浓度。

核心的 MATLAB 代码如下：

```
1    Func_sigmf = @(p, x)(p(1)+p(2)./(1 + exp(-(x-p(3))/p(4))));
2    X = TI;
3    Y = log10(drug_conc);
4    p0 = [min(Y), max(Y)-min(Y), 1, 1];
5    p = nlinfit(X,Y,Func_sigmf,p0);
```

(4) 基于式(3.2)，可得各采样时刻的"剂量-反应"曲线，图 3.3 显示了典型时刻(24h、48h、72h)氯化汞的"剂量-反应"曲线①。

并计算对应的 $\mathrm{LC}_{50}(t)$ 与 $\mathrm{GI}_{50}(t)$ 值：

$$\mathrm{LC}_{50}(t) = \exp\left\{-\lg\left[\frac{p_2(t) - p_1(t)}{50 - p_1(t)} - 1\right] \times p_4(t) + p_3(t)\right\} \tag{3.3}$$

$$\mathrm{GI}_{50}(t) = \exp\left\{-\lg\left[\frac{p_2(t) - p_1(t)}{-50 - p_1(t)} - 1\right] \times p_4(t) + p_3(t)\right\} \tag{3.4}$$

---

① "剂量-反应"一般常用"dose-response curve"，而 RTCA 系统中，TCRC 反映的是细胞株暴露在多种浓度的待测化学物质中所呈现的细胞毒性，因此，本书用"concentration-response curve"描述。

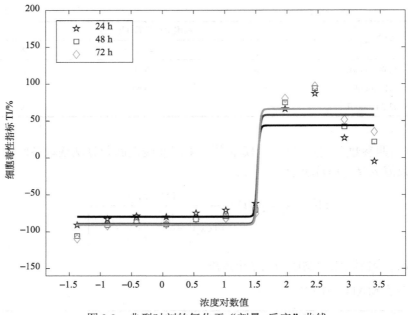

图 3.3　典型时刻的氯化汞"剂量–反应"曲线

　　由式(3.3)与式(3.4)可知,传统单一时间点细胞毒性评价方法不仅与待测化学物质的浓度相关,而且与细胞的暴露时间相关,不同的时刻,其 $LC_{50}(t)$ 与 $GI_{50}(t)$ 可能完全不一样(图 3.4,图 3.5)。

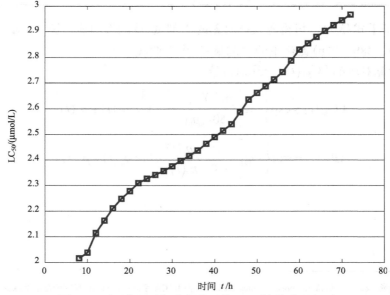

图 3.4　不同作用时间点氯化汞的 $LC_{50}(t)$ 值(间隔 2h)

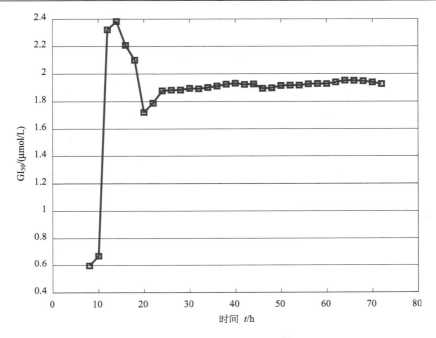

图 3.5 不同作用时间点氯化汞的 $GI_{50}(t)$ 值(间隔 2h)

依据细胞毒性指数 $TI(c_{e,j})$,也可采用直线内插法计算 $LC_{50}(t)$ 与 $GI_{50}(t)$ 值,但计算时必须有使细胞株存活半数以上和半数以下的各种实验浓度,否则计算结果的差异比较大。

核心的 MATLAB 代码如下:

```
1    X = TI;
2    Y = log10(drug_conc);
3    LC50 = round(interp1(X, Y, 50 ,'linear')*10000)/10000;
```

计算得到的 $LC_{50}(t)$ 与 $GI_{50}(t)$ 值具有以下作用:

(1) LC_{50} 值可以用来衡量药物诱导细胞凋亡的能力,即诱导能力越强,该数值越低。当然也可以反向说明某种细胞株对药物的耐受程度。

(2) GI_{50} 反映细胞 50%生长抑制所需的药物浓度(如体外试验抗癌药物,药物使 50%癌细胞的生长得到抑制,此时的药物浓度)。

3.3　AUC_{50}算法及步骤

众所周知,细胞增殖(cell proliferation)是通过细胞分裂增加细胞数量的过程。细胞增殖是细胞生命活动的重要特征之一,是生物体生长、发育、繁殖以及遗传的基础,也是生物体维持细胞数量平衡和机体正常功能所必需的过程。对于一代细胞的培养过程,一般要经过几个时期:延滞期(lag phase)、对数期(log phase)、稳定期(plateau phase)和衰亡期(decline phase),常用细胞生长曲线(cell growth curve)进行描述[25-27],即细胞密度随培养时间的变化曲线(图 3.6 为 RTCA 系统所记录的一组阴性对照组的 TCRC)。

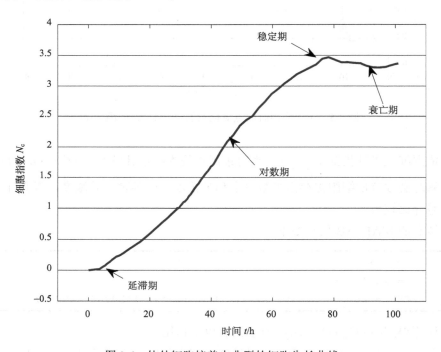

图 3.6　体外细胞培养中典型的细胞生长曲线

(1)**延滞期**:指传代和再接种的时间,此时没有或者很少有细胞增殖。这是细胞对传代操作所致的损伤的恢复期和对新的培养环境的适应期。该时期的长短除了与细胞种类有关之外,还与细胞接种密度、种子细胞所处的生长阶段、培养基的组成、pH 以及温湿度等培养条件相关。

(2)**对数期**:经过延滞期,细胞完全恢复了生长状态,在此期间,培养环境中的营养物质均能满足细胞生长所需，而累积的代谢副产物不足以影响细胞正常繁殖，因此，细胞数量以指数函数的规律增长，细胞数量的增长速率与细胞数成正比。

（3）**稳定期**：随着细胞数量不断增多，细胞相互接触并汇合成片，生长空间逐渐减小，细胞生长速率大大下降。随着细胞密度的增大，培养液中营养成分逐渐减少，代谢副产物浓度逐渐增加，因营养物耗竭或代谢副产物累积导致细胞生长停止，甚至造成细胞死亡。此时，细胞增殖和细胞死亡达到平衡。

（4）**衰亡期**：营养物耗竭与代谢副产物大量累积，使得细胞死亡的数量大于其增殖的数量，细胞进入衰退期。

在 RTCA 实验中，为保证细胞毒性测试的有效性，通常在细胞增殖的对数期添加待测化学物质，受此启发，以阴性对照组的 TCRC 为参照物，并以细胞株的整个对数期为有效评估时间段，基于细胞毒性累积效应，提出评估细胞毒性大小的 AUC_{50} 指标[①]，其计算方法[28]如下所述。

首先，从阳性对照组的细胞毒性动态响应曲线 TCRC 找到细胞株的对数期，即以阴性对照组的细胞指数 $N_c(t)$ 最大值所在的时刻为评估截止时刻：

$$T_m = \arg\max_k \left\{ N_c(t) \right\}_{t=1}^{72} \tag{3.5}$$

式中，$N_c(t)$ 为阴性对照组的 NCI 值；T_m 为评估截止时间。

计算阴性对照组细胞毒性 TCRC 的线下面积 AUC_c，即阴性对照组细胞 TCRC 相对于细胞暴露时的累积数量（图 3.7）：

$$AUC_c = \int_0^{T_m} \left[N_c(t) - N_c(0) \right] dt \tag{3.6}$$

这里，采用梯形面积近似法（本案例的 RTCA 采样间隔为 2h），即

$$AUC_c = \sum_{t=2}^{T_m} \frac{\left[N_c(t) + N_c(t-1) - 2 \times N_c(0) \right] \times 2}{2} \tag{3.7}$$

式中，t 为采样时间；$N_c(0)=1$；AUC_c 值的大小体现了细胞在整个对数期，细胞增殖的数量总和。

同时，计算细胞暴露在待测化学物质之后，其对应细胞毒性 TCRC 与阴性对照组 TCRC，在所选评估时间段内（对数期）所围成面积 AUC_j（图 3.8）：

$$AUC_j = \int_0^{T_m} \left[N_c(t) - N_j(t) \right] dt \tag{3.8}$$

---

① AUC 是 area under negative control 的缩写。

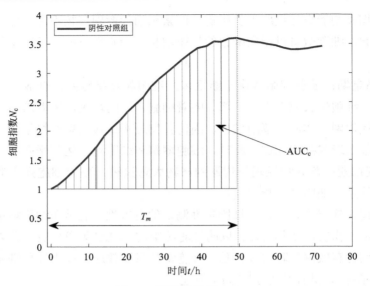

图 3.7 阴性对照组 $\mathrm{AUC_c}$

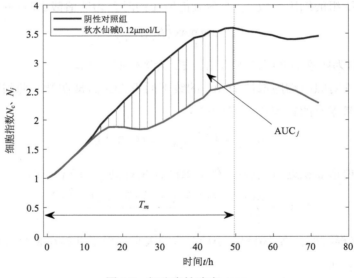

图 3.8 细胞毒性响应 AUC_j

同理，采用梯形面积近似法

$$\mathrm{AUC}_j = \sum_{t=2}^{T_m} \frac{\left\{\left[N_\mathrm{c}(t) - N_j(t)\right] + \left[N_\mathrm{c}(t-1) - N_j(t-1)\right]\right\} \times 2}{2}, \; j = 1, 2, \cdots, J \quad (3.9)$$

式中，$N_j(t)$ 是待测化合物第 j 个浓度所对应的 NCI 值，$j = 1, 2, \cdots, J$ 为待测化学物质的浓度值序号； AUC_j 值的大小体现了在待测化合物某种浓度作用下，相对于阴性对照组，细胞死亡的数量总和，亦即细胞毒性的大小。

由 AUC_j 与 AUC_c 值，计算在第 j 个浓度化学物质的毒性作用下，细胞死亡的相对数值 $R(c_{e,j})$（氯化汞的计算结果见表 3.2）：

$$R(c_{e,j}) = \frac{AUC_j}{AUC_c} \times 100\%, \quad j = 1, 2, \cdots, J \tag{3.10}$$

式中， $c_{e,j}$ 为待测化合物对应的浓度值。

表 3.2　氯化汞的 $R(c_{e,j})$ 与 $PoE(c_{e,j})$

序号	浓度 $c_{e,j}$	细胞死亡相对数量 $R(c_{e,j})$	细胞累积存活相对数量 $PoE(c_{e,j})$
1	2.5 mmol/L	96.00%	33.77%
2	0.83 mmol/L	117.98%	24.12%
3	0.28 mmol/L	158.71%	4.41%
4	92.59 μmol/L	144.83%	11.25%
5	30.86 μmol/L	36.78%	82.85%
6	10.29 μmol/L	26.69%	86.90%
7	3.43 μmol/L	22.83%	88.92%
8	1.14 μmol/L	17.47%	91.08%
9	0.38 μmol/L	19.19%	91.88%
10	0.13 μmol/L	14.69%	95.83%
11	42.34 nmol/L	4.26%	103.43%

用 J 个细胞株相对响应面积 $R(x_j)$ 和其相应的浓度 $c_{e,j}$，采用非线性回归算法，得到评估该待测化合物细胞毒性的四参数"剂量-反应"方程：

$$R(c_{e,j}) = p_1 + \frac{p_2 - p_1}{1 + \exp\left[-\dfrac{\lg(c_{e,j}) - p_3}{p_4}\right]} \tag{3.11}$$

式中， p_1, p_2, p_3, p_4 为"剂量-反应"方程的系数。

核心的 MATLAB 代码如下：

```
1    Func_sigmf = @(p, x)(p(1)+p(2)./(1 + exp(-(x-p(3))/p(4))));
2    Y = AUCi;
3    X = log10(drug_conc);
4    p0 = [min(Y), max(Y)-min(Y), 1, 1];
5    p = nlinfit(X,Y,Func_sigmf,p0);
```

拟合结果如图 3.9 所示。

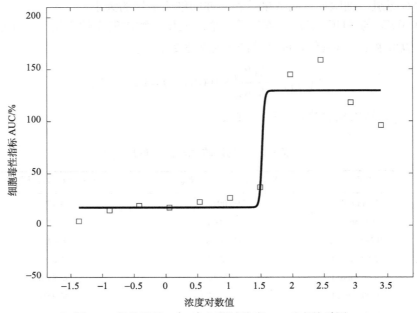

图 3.9　氯化汞的 $R(c_{e,j})$ 与测试浓度 $c_{e,j}$ 对应关系图

由"剂量–反应"四参数方程，类似 LC_{50} 的计算方法，可得评估该化学物质细胞毒性大小的 AUC_{50} 指标[①]：

$$AUC_{50} = \exp\left[-\lg\left(\frac{p_2 - p_1}{50 - p_1} - 1\right) \times p_4 + p_3\right] \tag{3.12}$$

AUC_{50} 数值直接反映在整个细胞对数期，杀死阴性对照组增殖细胞的一半时所需要的化学物质浓度值，亦即反映了该待测化合物细胞毒性大小。

AUC_{50} 解决了传统单一时间点细胞毒性评估指标对暴露时间的依赖问题，但该方法仍然忽略了细胞毒性响应曲线的时间序列特性。

类似于 AUC_{50} 计算方法，也有学者提出了 PoE_{50} 毒性评估指标[②][29]，即相对于阴性对照组，细胞暴露后的细胞累积存活数量(图 3.10)，并将其应用于水污染程度的筛选中，而 AUC_{50} 考虑的是细胞暴露后的细胞累积死亡数量，为了区别，这里用细胞响应线下面积(area under the cellular response profile，AUCRP)参数描述，计算公式如下：

---

① AUC_{50} 定义为 concentration having 50% growth inhibition compared to control during the log phase。

② PoE : percentage of effect。

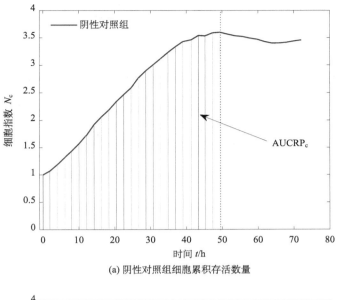

(a) 阴性对照组细胞累积存活数量

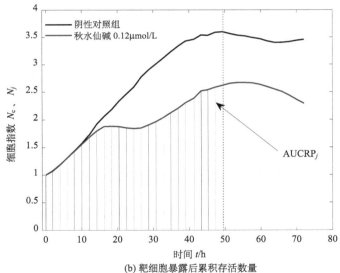

(b) 靶细胞暴露后累积存活数量

图 3.10　RTCA 实验中细胞累积存活数量

$$
\begin{cases}
\mathrm{AUCRP_c} = \displaystyle\sum_{t=2}^{T_m} \dfrac{\left[N_c\left(t-1\right) + N_c\left(t\right) \right] \times 2}{2} \\[4mm]
\mathrm{AUCRP}_j = \displaystyle\sum_{t=2}^{T_m} \dfrac{\left[N_j\left(t-1\right) + N_j\left(t\right) \right] \times 2}{2}, \quad j = 1, 2, \cdots, J
\end{cases}
\tag{3.13}
$$

式中，$\mathrm{AUCRP_c}$ 与 AUCRP_j 分别为阴性对照组与细胞毒性的 TCRC 线下面积 (梯形面积近似法)。

由式(3.13)可计算出该化学物质细胞毒性作用强度 PoE_j（表 3.2）

$$PoE_j = \frac{AUCRP_j}{AUCRP_c} \times 100\%, \quad j = 1, 2, \cdots, J \quad (3.14)$$

绘制氯化汞的 PoE_j 与测试浓度 $c_{e,j}$ 散点图（图 3.11），由图可知：随着浓度的增加，PoE_j 呈下降趋势（指数函数关系），为此，定义新的"剂量-反应"方程[①]：

$$PoE(c_{e,j}) = p_1 \times (c_{e,j})^{p_2} + p_3 \quad (3.15)$$

式中，p_1, p_2, p_3 为"剂量-反应"方程的系数。

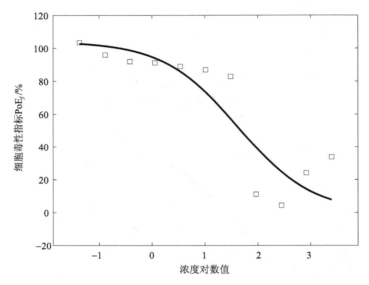

图 3.11　氯化汞的 $PoE(c_{e,j})$ 与测试浓度 $c_{e,j}$ 对应关系图

采用非线性拟合算法，可得式(3.15)方程系数，进而计算出相对的细胞累积存活数量 PoE_{50}，该值同样可以用于评估化学物质的毒性大小。

$$PoE_{50} = \left(\frac{50 - p_3}{p_1}\right)^{p_2} \quad (3.16)$$

---

① "剂量-反应"方程的形式有很多，主要取决于所应用的对象，若呈现典型的 S 形曲线关系，则可选用四参数模型，若呈现指数函数关系，可选用指数模型。

3.4　KC$_{50}$算法及步骤

如前所述，RTCA 实验选用了细胞增殖的对数期为评估时间段，而由图 3.1 可知，细胞株暴露于高浓度的待测化学物质中，细胞呈现衰亡状态，而暴露于较低浓度的化学物质中，细胞呈现增殖抑制状态，其衰亡/增殖抑制趋势呈现明显的指数特征，也就是说，$N_j(t)$ 可用指数函数模型描述[30, 31]，即

$$N_j = k_{2,j} \times \exp(d_2 \times t) + k_{1,j} \times \exp(-d_1 \times t) \tag{3.17}$$

式中，$\exp(-d_1 \times t)$ 体现细胞增殖速度；d_1 为细胞增殖因子；$\exp(d_2 \times t)$ 体现细胞衰亡速度；d_2 为细胞衰亡因子。$\theta_j = \{k_{1,j}, k_{2,j}\}$ 为双指数方程系数。

式 (3.17) 中有四个未知参数 $\theta_j = \{d_1, d_2, k_{1,j}, k_{2,j}\}$，为了估计这些参数，可采用两步法[32]，首先确定细胞增殖因子与衰亡因子 $\{d_1, d_2\}$，可由待测化学物质浓度 "最大值 $c_{e,J}$" 和 "最小值 $c_{e,1}$" 与其对应的细胞毒性 TCRC 数据，采用非线性拟合方法确定；在此基础上，再确定所有测试浓度 $c_{e,j}$ 所对应的 $\{k_{1,j}, k_{2,j}\}_{j=1}^{J}$，其步骤[33]如下：

(1) 利用待测化学物质最大浓度 $c_{e,J}$ 所对应的细胞毒性 TCRC 数据 $\{N_J(t), t\}_{t=1}^{72}$ 确定单指数模型 $N_J(t) = k_{1,J} \times \exp(-d_1 \times t)$ 的参数 $\{k_{1,J}, d_1\}$：

$$
\begin{aligned}
\{k_{1,J}, d_1\} &= \min \sum_{t=1}^{72} \left[N_J(t) - \hat{N}_J(t) \right]^2 \\
\text{s.t.} \quad &\hat{N}_J(t) = k_{1,J} \times \exp(-d_1 \times t) \\
&k_{1,J} > 0, d_1 > 0
\end{aligned} \tag{3.18}
$$

式中，$\hat{N}_J(t)$ 为细胞存活数量的估计值。

但由于非线性回归算法的收敛速度受初始值影响较大，为此，采用最小二乘估计确定优化问题 (3.18) 的初始值。

等式 $N_J(t) = k_{1,J} \times \exp(-d_1 \times t)$ 左右两边取自然对数 $\ln$，则

$$\ln(N_J(t)) = \ln(k_{1,J}) - d_1 \times t \tag{3.19}$$

亦即

$$\ln(N_J(t)) = [1, t] \begin{bmatrix} \ln(k_{1,J}) \\ -d_1 \end{bmatrix} \tag{3.20}$$

则

$$\begin{bmatrix} \ln(k_{1,J}) \\ -d_1 \end{bmatrix} = (\boldsymbol{X}^\mathrm{T}\boldsymbol{X})^{-1}(\boldsymbol{X}^\mathrm{T}\boldsymbol{Y})$$

$$\text{s.t.}\quad \boldsymbol{X} = \left[[1,1]^\mathrm{T}, [1,2]^\mathrm{T}, \cdots, [1,72]^\mathrm{T} \right]^\mathrm{T} \tag{3.21}$$

$$\boldsymbol{Y} = \left[N_J(1), N_J(2), \cdots, N_J(72) \right]^\mathrm{T}$$

将式(3.21)作为初始值，采用 Levenberg-Marquardt 法[33,34]，估算出优化方程(3.18)参数 $k_{1,J}$ 和 d_1 最终值，拟合结果如图 3.12(a)所示。

核心的 MATLAB 代码如下：

```
1    Y = log(yH(index));
2    X = [ones(length(index),1), x(index)];
3    betaH = pinv(X'*X)*X'*Y;
4    k1 = exp(betaH(1));      % k1 and d1 found from linear form
5    d1 = -betaH(2);
6    a0 = [k1; d1];
7    option=optimset('MaxFunEvals',800,'Algorithm','levenberg-mar
8    qua- rdt');
9    funH = @(a, x)(a(1)*exp(-a(2)*x));
     [aH, resnorm] = lsqcurvefit(funH,a0,
                    x(index),yH(index),[],[],option);
```

(2) 再利用待测化学物质最低浓度 $c_{e,1}$ 所对应的细胞毒性 TCRC 数据 $\{N_1(t), t\}_{t=1}^{72}$ 确定另一单指数模型 $N_1(t) = k_{2,1} \times \exp(d_2 \times t)$ 的参数 $\{k_{2,1}, d_2\}$：

$$\{k_{2,1}, d_2\} = \min \sum_{t=1}^{72} \left[N_1(t) - \hat{N}_1(t) \right]^2$$

$$\text{s.t.}\quad \hat{N}_1(t) = k_{2,1} \times \exp(d_2 \times t) \tag{3.22}$$

$$k_{2,1} > 0, d_2 > 0$$

其确定方法同(1)，拟合结果如图 3.12(b)所示。

(3) 保持 $\{d_1, d_2\}$ 不变，再利用非线性回归算法估算出所有浓度 $\{c_{e,j}\}_{j=1}^{J}$ 对应的双指数函数模型参数 $\{k_{1,j}, k_{2,j}\}_{j=1}^{J}$，亦即

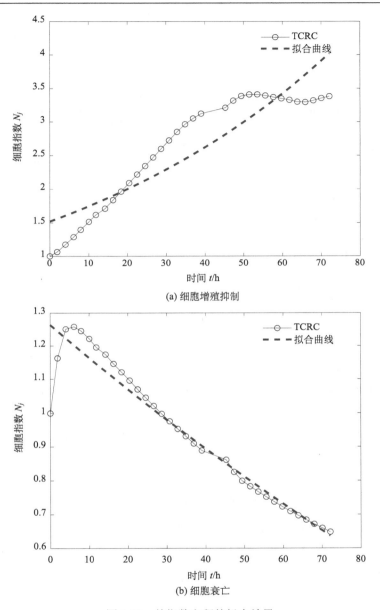

(a) 细胞增殖抑制

(b) 细胞衰亡

图 3.12　单指数方程的拟合效果

$$\left\{k_{1,j}, k_{2,j}\right\} = \min \sum_{t=1}^{72} \left[N_j(t) - \hat{N}_j(t) \right]^2, \quad j = 1, 2, \cdots, J$$

$$\text{s.t.} \quad \hat{N}_j(t) = k_{2,j} \times \exp(d_2 \times t) + k_{1,j} \times \exp(-d_1 \times t) \tag{3.23}$$

$$k_{1,j} > 0, \quad k_{2,j} > 0$$

同样,采用 Levenberg-Marquardt 法,可得双指数函数模型的系数 $\{k_{1,j}, k_{2,j}\}_{j=1}^{J}$,氯化汞的计算结果见表 3.3。

表 3.3　氯化汞的双指数模型系数

序号	浓度 ($c_{e,j}$)	双指数模型系数	
		k_1	k_2
1	2.5 mmol/L	1.2734	0.0073
2	0.83 mmol/L	0.9056	0.0026
3	0.28 mmol/L	0.3803	0.0771
4	92.59 μmol/L	0.5316	0.0397
5	30.86 μmol/L	0.0261	1.1077
6	10.29 μmol/L	0.1030	1.1422
7	3.43 μmol/L	0.0790	1.1791
8	1.14 μmol/L	0.0360	1.2708
9	0.38 μmol/L	0.0153	1.2344
10	0.13 μmol/L	0.0257	1.2824
11	42.34 nmol/L	0.2587	1.4969

如前所述,式 (3.17) 中 $\exp(-d_1 \times t)$ 体现细胞增殖速度,$\exp(d_2 \times t)$ 体现细胞衰亡速度,因此,双指数函数模型的系数 k_2 的大小直接体现化学物质细胞毒性的变化趋势,本书以氯化汞测试浓度 $c_{e,j}$ 与其对应的 $k_{2,j}$,采用三参数的 S 形 "剂量-反应" 模型描述:

$$k_{2,j} = \frac{p_1}{1 + p_2 \times \exp\left[p_3 \times \lg\left(c_{e,j}\right)\right]}, \quad j = 1, 2, \cdots, J \quad (3.24)$$

式中,p_1, p_2, p_3 为 "剂量-反应" 方程系数。

同理,可采用 Levenberg-Marquardt 法获取 "剂量-反应" 方程的参数 $\{p_1, p_2, p_3\}$。但该非线性回归算法的收敛速度受初始值影响较大,为此,本书采用泰勒展开法,求取 $\{p_1, p_2, p_3\}$ 的初始值。

式 (3.24) 两边求倒数:

$$\frac{1}{k_{2,j}} = \frac{1}{p_1} + \frac{p_2}{p_1} \times \exp\left[p_3 \times \lg\left(c_{e,j}\right)\right] \quad (3.25)$$

对式 (3.25) 的非线性项 $\exp(\cdot)$,用二阶泰勒在零点展开:

$$\frac{1}{k_{2,j}} = \frac{1}{p_1} + \frac{p_2}{p_1} + \frac{p_2 p_3}{p_1} \times \lg(c_{e,j}) + \frac{p_2 p_3^2}{2 p_1} \times \left[\lg(c_{e,j}) \right]^2 \tag{3.26}$$

令 $\delta_1 = \frac{1}{p_1} + \frac{p_2}{p_1}$，$\delta_2 = \frac{p_2 p_3}{p_1}$，$\delta_3 = \frac{p_2 p_3^2}{2 p_1}$，则式 (3.26) 转换成

$$\frac{1}{k_{2,j}} = \delta_1 + \delta_2 \times \lg(c_{e,j}) + \delta_3 \times \left(\lg(c_{e,j}) \right)^2 \tag{3.27}$$

利用最小二乘回归算法，可得

$$[\delta_1, \delta_2, \delta_3]^{\mathrm{T}} = \left(\boldsymbol{X}^{\mathrm{T}} \boldsymbol{X} \right)^{-1} \left(\boldsymbol{X}^{\mathrm{T}} \boldsymbol{Y} \right)$$

$$\text{s.t.} \quad \boldsymbol{X} = \left[\left[1, \lg(c_{e,1}), \left[\lg(c_{e,1}) \right]^2 \right]^{\mathrm{T}}; \cdots; \left[1, \lg(c_{e,J}), \left[\lg(c_{e,J}) \right]^2 \right]^{\mathrm{T}} \right]^{\mathrm{T}} \tag{3.28}$$

$$\boldsymbol{Y} = \left[\frac{1}{k_{2,1}}, \frac{1}{k_{2,2}}, \cdots, \frac{1}{k_{2,J}} \right]^{\mathrm{T}}$$

从而可得参数 $\{p_1, p_2, p_3\}$ 的优化初始值：

$$\begin{cases} \tilde{p}_3 = \dfrac{2\delta_3}{\delta_2} \\ \tilde{p}_1 = \dfrac{1}{\delta_1 - \delta_2 / \tilde{p}_3} \\ \tilde{p}_2 = \delta_1 \tilde{p}_1 - 1 \end{cases} \tag{3.29}$$

利用非线性规划函数 fmincon(.)，即可求得 "剂量-反应" 方程的参数，即

$$\{p_1, p_2, p_3\} = \min \sum_{j=1}^{J} \left(k_{2,j} - \hat{k}_{2,j} \right)^2$$

$$\text{s.t.} \quad \begin{cases} \hat{k}_{2,j} = \dfrac{p_1}{1 + p_2 \times \exp\left[p_3 \times \lg(c_{e,j}) \right]} \\ \tilde{p}_3 = \dfrac{2\delta_3}{\delta_2}, \tilde{p}_1 = \dfrac{1}{\delta_1 - \delta_2 / \tilde{p}_3}, \tilde{p}_2 = \delta_1 \tilde{p}_1 - 1 \\ p_1 > 0, p_2 > 0, p_3 > 0 \end{cases} \tag{3.30}$$

核心的 MATLAB 代码如下：

```
1   xP = log10(drug_conc);  % drug_conc is testing concentrations
2   X = [ones(size(xP))xP xP.^2];
3   Y = 1./k2;           % calculated k2
4   index = find(isinf(Y)==0);
5   beta = pinv(X(index,:)'*X(index,:))*(X(index,:)'*Y(index,:));
6   p03 = 2*beta(3)/beta(2);
7   p01 = 1/(beta(1)-(beta(2)/p03));
8   p02 = beta(1)*p01-1;
9   yP = k2;
10  p0 = abs([p01; p02; p03]);   % avoiding the negative value
11  LB = [0.01; 0.01; 0.01];
12  UB = [4; 4; 4];
13  Func_S=@(a,x)(a(1)*exp(-d(1)*x)+ a(2)*exp(d(2)*x)); % d is
    known
14  [p,fval]=fmincon(@Func_S,p0,[],[],[],[],LB,UB,[],[],drug_con
    c,yP);
```

其拟合结果如图 3.13 所示。

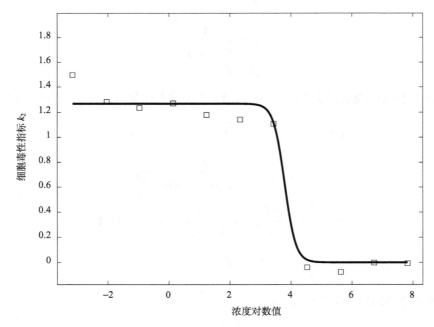

图 3.13　氯化汞的 $k_{2,j}$ 与测试浓度 $c_{e,j}$ 对应关系图

为得到类似 LC_{50} 细胞毒性评估指数，以细胞株衰亡到 50% 时对应的 k_2 值（定义为衰亡系数 KC_{50}[①]），可由式（3.24）推导得

$$KC_{50} = \exp\left[1/p_3 \times \lg(1/p_2)\right] \tag{3.31}$$

KC_{50} 值克服了传统细胞毒性指标对暴露时间的依赖问题，从细胞增殖/死亡的趋势角度，为评估化学物质的细胞毒性大小提供了另一种标准。

3.5　RC 预测模型的对比分析

有研究显示化学物质体外细胞毒性与其引起的动物死亡率及人体死亡的血药浓度之间都存在良好的相关性。化学物质产生的损伤和死亡，最终可表现为细胞水平上的改变，由此推测体外细胞毒性可以预测体内急性毒性。早在 20 世纪 50 年代，就有学者研究利用体外细胞毒性预测体内急性毒性效应[35]，目前，体外细胞毒性和急性毒性之间的定量研究主要是对 RC（registry of cytotoxicity）数据库中多种化学物质的体外细胞毒性 IC_{50} 值及体内急性毒性 LD_{50} 值进行相关分析，获得 RC 预测模型，用于急性毒性 LD_{50} 值预测[36-42]。

为对比前文所述的三种评估细胞毒性大小指标的差异，本节选取 14 种化学物质的细胞毒性参数与体内急性毒性作相关性分析（表 3.4）。

表 3.4　14 种化学物质

序号	化学物质	CAS 登录号	溶剂	稀释比（1:3）	LD_{50} /（mmol/kg）	GHS 标签
1	氯化汞（mercury (II) chloride）	7487-94-7	H_2O	2.5 mmol/L～42.34 nmol/L	0.148	II
2	秋水仙碱（colchicine）	64-86-8	H_2O	10 μmol/L～0.17 nmol/L	0.0375	II
3	三氧化二砷（arsenic (III) trioxide）	1327-53-3	H_2O	1 mmol/L～16.94 nmol/L	0.127	II
4	尼古丁（nicotine）	54-11-5	H_2O	300 mmol/L～5.08 μmol/L	0.43	III
5	砷酸钠（sodium arsenate）	7778-43-0	H_2O	10 mmol/L～0.17 μmol/L	0.1972	无
6	氯化镉（cadmium chloride）	10208-64-2	H_2O	2 mmol/L～33.87 nmol/L	0.738	III
7	戊脉安（verapamil）	152-11-4	H_2O	5 mmol/L～84.68 nmol/L	0.226	III
8	2,3,7,8-TCDD	1746-01-6	DMSO	4 μmol/L～67.74 pmol/L	0.00035	I
9	放线酮（cycloheximide）	66-81-9	DMSO	100 μmol/L～1.69 nmol/L	0.00711	I

---

① KC_{50} 定义为：concentration which is lethal to 50% of parameter k_2 from untreated cell proliferation。

序号	化学物质	CAS 登录号	溶剂	稀释比（1∶3）	LD_{50} /（mmol/kg）	GHS 标签
10	放线菌素 D（actinomycin D）	50-76-0	DMSO	0.4 μmol/L～6.77 pmol/L	0.0057	II
11	氯化甲基汞（methyl mercury（II）chloride）	22967-92-6	DMSO	160 μmol/L～2.71 nmol/L	0.23	III
12	盐酸普萘洛尔（propranolol HCl）	3506-09-0	H_2O	5 mmol/L～84.68 nmol/L	1.575	IV
13	氯化钠（sodium chloride）	7647-14-5	H_2O	240 mmol/L～4.06 μmol/L	69.3	V
14	三氯乙酸（trichloroacetic acid）	76-03-9	H_2O	300 mmol/L～5.08 μmol/L	32	unclassified

此相关性分析最早由替代方法验证中心（ZEBET）提出[35]，主要是利用体外细胞毒性预测急性经口毒性试验的策略，在细胞毒性的 IC_{50} 和急性经口毒性的 LD_{50} 数据之间建立标准回归方程，用细胞毒性 IC_{50} 估计体内经口毒性的 LD_{50} 的值，作为体内试验的开始剂量。经过大量已有体内和体外毒理学数据的分析，目前公认的 RC 预测模型是

$$\lg\left(LD_{50}\right) = 0.435 \times \lg\left(X\right) + 0.625 \tag{3.32}$$

式中，X 为某化学物质细胞毒性指标的计算值。

首先，从 ICCVAM 文献中[43]获取这 14 种化学物质的啮齿类剂量 LD_{50}（mmol/kg），结合前文计算得到的 $LC_{50}@24h$、$LC_{50}@48h$、$LC_{50}@72h$、AUC_{50}、KC_{50} 值，并将这些细胞毒性指标与数据库中的 LD_{50} 值进行线性回归，得到新的回归方程：

$$\lg\left(LD_{50}\right) = \alpha \times \lg\left(KC_{50}\right) + \beta \tag{3.33}$$

核心的 MATLAB 代码如下：

```
1    X = [ones(14,1)log(kc50/1000)];
2    Y = log(LD50);
3    [B,stats] = robustfit(X(:,2),Y);
4    LD50_pred = X*B;
5    R2_reg = corr(Y, LD50_pred)*100;
```

以秋水仙碱（colchicine）为例，计算得到的 RC 预测模型的参数如表 3.5 所示。

表 3.5　秋水仙碱的不同算法对比值

评估指标	α	β	R^2 /%
$LC_{50}@24h$	0.552	−0.118	27.1
$LC_{50}@48h$	0.554	−0.103	27.2
$LC_{50}@72h$	0.59	−0.0815	39.7
AUC_{50}	−0.633	0.323	61.6
KC_{50}	0.265	0.536	71.4

再将本实验得到的回归方程 (3.33) 与公认的回归方程 (3.32) 比较，判断是否与之一致，并处于预测区间 $FG = \pm \lg 5$ 内。结果如图 3.14 所示。

由表 3.5 与图 3.14 的定量相关性分析可以看出，$LC_{50}@24h$、$LC_{50}@48h$、$LC_{50}@72h$ 回归模型与 RC 预测模型直线处于明显的相交状态；AUC_{50} 相比于单一时间点的 LC_{50}，相关性较高，但是仍然有多个 AUC_{50} 值落在可置信范围外。相较之下，KC_{50} 与 LD_{50} 具有较高的相关性（$R^2 = 71.4\%$），且大部分 KC_{50} 值都落在 RC 预测模型的可接受区间内。

本书所提出的细胞毒性指标具有以下作用：

(1) 可利用体外细胞毒性实验，预测急性经口毒性的开始剂量，也可以作为新化学物质 GHS[①]分类和标识的依据。

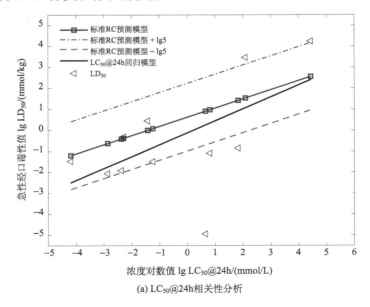

(a) $LC_{50}@24h$ 相关性分析

---

① GHS: Globally Harmonized System of Classification and Labelling of Chemicals。

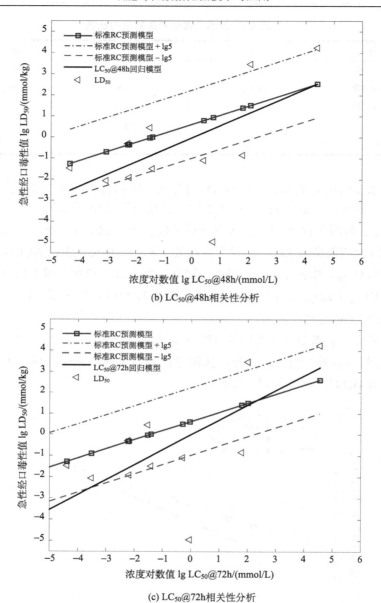

(b) LC$_{50}$@48h相关性分析

(c) LC$_{50}$@72h相关性分析

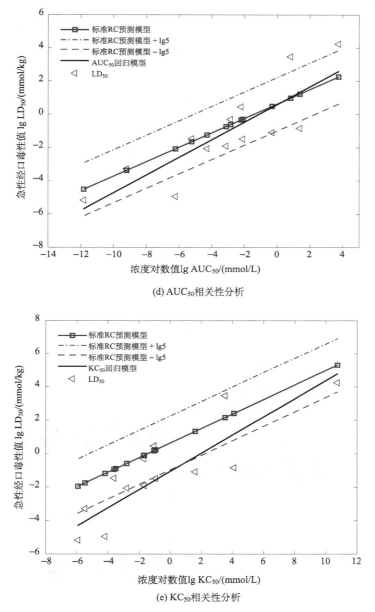

(d) AUC_{50} 相关性分析

(e) KC_{50} 相关性分析

图 3.14　体外细胞毒性 LC_{50}、AUC_{50} 和 KC_{50} 与体内急性毒性 LD_{50} 相关性分析

（2）基于以上计算得出的细胞毒性指标值，并绘制"均值图"，判别各种细胞

株对药物的灵敏性。"均值图"常在 NCI-60 项目[①]中用以筛选抗肿瘤细胞株。均值为正表示细胞株对该化学物质敏感，均值越大，灵敏度越高；反之，均值为负，则表示细胞株对该化学物质不敏感，均值绝对值越大，灵敏度越低。

$$\text{meangraph}_i = \text{AUC}^i_{50} - \text{mean}\left(\text{AUC}^i_{50}\right), \quad i = 1, 2, \cdots, 6 \tag{3.34}$$

式中，i 为细胞株数目，本例中检测的是秋水仙碱(colchicine)对 6 种细胞株（VSMC、HepG2、Beas2B、ARPE19、ACHN 和 A549）的毒性影响（表 3.6）。

核心的 MATLAB 代码如下：

```
1    AUC_m = mean(AUC50);
2    barh(AUC50-AUC_m);
3    set(gca,'ytick',[,1:6,],'YTickLabel',{'A549','ACHN','ARPE19','Bea2B','Hep
     G2','VSMC'},'FontSize',12);
4    xlabel('log_{10}(AUC_{50})','FontSize',12);
5    set(gca,'XGrid','on')
```

由图 3.15 可以看出，秋水仙碱对细胞株 HepG2 的影响最大，而对 ARPE19 的毒性作用最小，据此可以捕获化学物质对细胞毒性响应的灵敏性。

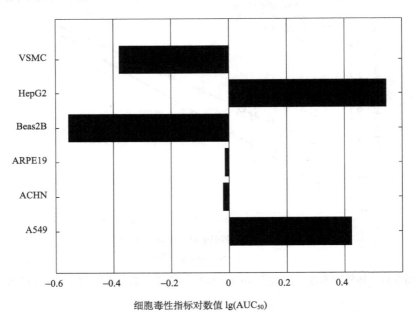

细胞毒性指标对数值 $\lg(\text{AUC}_{50})$

图 3.15　6 种不同细胞株暴露于秋水仙碱的均值图

---

① NCI-60：美国国家癌症研究所(NCI)规定的 60 种作为抗癌新药开发时必须筛查的癌细胞。

表 3.6　RTCA 实验的 6 种细胞株

序号	细胞株	培养物集存库	接种密度	来源
1	VSMC	CRL-1999	400 c/w	血管平滑肌细胞
2	HepG2	HB-8065	4000 c/w	肝肿瘤细胞
3	Beas2B	CRL-9609	2000 c/w	正常肺上皮细胞
4	ARPE19	CRL-2302	4000 c/w	视网膜上皮细胞
5	ACHN	CRL-1611	3000 c/w	肾癌细胞
6	A549	CCL-185	3000 c/w	肺腺癌细胞

3.6　结果与讨论

本章基于 RTCA 所收集的化学物质细胞毒性 TCRC 数据，给出了三种评估化学物质细胞毒性大小指标的计算方法，这三种算法各有利弊，实验者需要结合具体的需求，选择相应的算法。

传统单一时间点的细胞毒性指标（如 $LC_{50}@24h$、$LC_{50}@48h$、$LC_{50}@72h$）在很大程度上依赖于细胞株的暴露时间，不同的时间点，其 GI_{50}/LC_{50} 差异可能较大，很难反映细胞株暴露在化学物质中的动态特性。

基于细胞毒性累积效应的 AUC_{50} 则考虑了细胞株的整个指数生长期，该指标既能反映化学物质作用的浓度，又能反映药物的作用时间，它是综合细胞株的细胞毒性响应的速率与程度，以及在细胞株体内动态作用的综合结果。然而，对某些化学物质有免疫性能的细胞株，AUC_{50} 则无法捕获到这个过程，如图 3.16 所示为 HepG2 细胞株暴露在多浓度的秋水仙碱（colchicine）中的细胞毒性 TCRCs，大约暴露 20h 之后，HepG2 呈现明显的恢复过程，而经过大约 36h 之后，细胞株又开始死亡，其典型时刻 GI/IC 与 AUC 的"剂量-反应"方程如图 3.17 所示。不同作用时间点（24h、48h、72h）的"剂量-反应"曲线的形状各异，且 $LC_{50}@24h$、$LC_{50}@48h$、$LC_{50}@72h$ 也不相同，可以部分反映秋水仙碱的恢复过程。

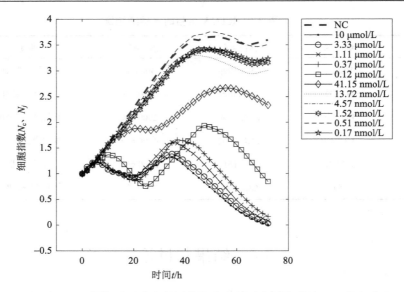

图 3.16　秋水仙碱的细胞毒性动态响应曲线

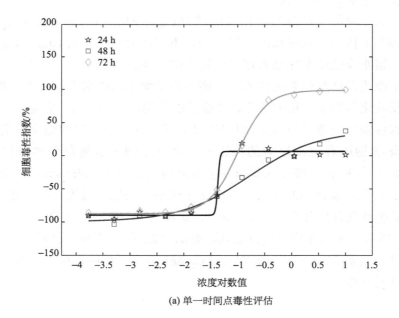

(a) 单一时间点毒性评估

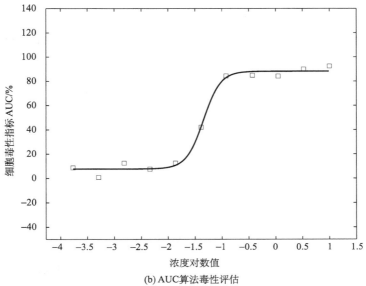

(b) AUC算法毒性评估

图 3.17　秋水仙碱的"剂量-反应"曲线图

双指数函数模型是用指数函数描述细胞株的增殖与死亡趋势，与前两种细胞毒性评估方法相比较，更符合细胞的生物学特性(图 3.12)。然而，对于同样具有恢复特性的细胞毒性动态响应曲线而言，该方法忽略了局部信息，仅抓取了整个动态变化的趋势(图 3.18)。

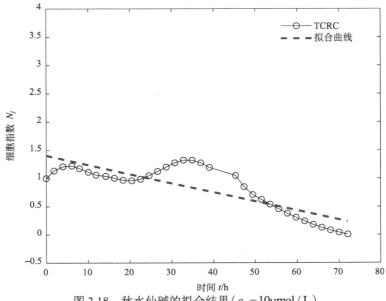

图 3.18　秋水仙碱的拟合结果($c_e = 10\mu mol / L$)

此外，双指数模型由细胞增殖抑制函数 $\exp(-d_1 \times t)$ 与细胞衰亡函数 $\exp(d_2 \times t)$ 构成，这就要求在体外细胞毒性测试试验中，必须包含细胞生长抑制与衰亡两种动态过程，若细胞试验中仅包含细胞增殖抑制曲线（图 3.19），也就是说当待测化学物质处于较高浓度时，细胞仍保持增殖过程，采用拟合算法得到 d_1 为负值，此时双指数函数模型 $\exp(-d_1 \times t)$ 与 $\exp(d_2 \times t)$ 具有相同的物理意义，仅反映了细胞增殖抑制的程度，无法得到半数致死浓度 KC_{50}。当然，传统的细胞毒性单一时间点评估方法也无法计算出细胞毒性参数 LC_{50} 值。

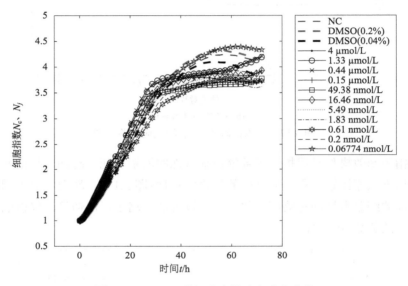

图 3.19　TCDD 的细胞毒性动态响应曲线

参 考 文 献

[1] 杨成, 孟丽娥, 田元, 等. 新型微弧氧化钛基种植材料的细胞毒性研究. 钛工业进展, 2007, 24(1): 25-28.

[2] 刘涛, 郭辰, 赵晓红. 毒理学研究中的体外细胞毒性评价. 生命科学, 2014, 26(3): 319-324.

[3] 杨佳梅, 刘妍, 申秀萍, 等. 药物毒理学技术方法研究进展. 药物评价研究, 2012, 35(4): 241-245.

[4] 邓宁. 动物细胞工程. 北京: 科学出版社, 2014.

[5] 常福厚, 白图雅, 吕晓丽. 药物毒理学研究的现状及与创新药物研究的关系. 中国药理学与毒理学杂志, 2013, 27(3): 488-489.

[6] 王征. 急性毒性与遗传毒性体外高通量筛选方法的研究. 上海: 第二军医大学, 2004.

[7] Kothawad K, Pathan A, Logad M. Evaluation of in vitro anti-cancer activity of fruit lagenaria siceraria against MCF7, HOP62 and DU145 cell line. International Journal of Pharmacy and

Technology Methods, 2012, 4: 3909-4392.

[8] 顾兵, 张政, 李玉萍, 等. 半数致死量及其计算方法概述. 中国职业医学, 2009, 36(6): 507-508, 511.

[9] Martins I, Godinho A, Goulart J, et al. Assessment of Cu sub-lethal toxicity (LC50) in the cold-water gorgonian Dentomuricea meteor under a deep-sea mining activity scenario. Environmental Pollution, 2018, 240: 903-907.

[10] 王彦华. 俞卫华. 杨立之, 等. 22 种常用除草剂对蚯蚓(Eisenia fetida)的急性毒性. 生态毒理学报, 2012, 7(3): 317-325.

[11] Shobha C R, Vishwanath P, Suma M N, et al. In vitro anti-cancer activity of ethanolic extract of Momordica charantia on cervical and breast cancer cell lines. International Journal of Health and Allied Sciences, 2015, 4(4): 210-217.

[12] Sjöström M, Kolman A, Clemedson C, et al. Estimation of human blood LC50 values for use in modeling of in vitro–in vivo data of the ACuteTox project. Toxicology in Vitro, 2008, 22(5): 1405-1411.

[13] Wheeler M W, Park R M, Bailer A J. Comparing median lethal concentration values using confidence interval overlap or ratio tests. Environmental Toxicology and Chemistry, 2006, 25(5): 1441-1444.

[14] Forget J, Pavillon J F, Menasria M R, et al. Mortality and LC50 values for several stages of the marine copepod Tigriopus brevicornis (Müller)exposed to the metals arsenic and cadmium and the pesticides atrazine, carbofuran, dichlorvos, and malathion. Ecotoxicology and Environmental Safety, 1998, 40(3): 239-224.

[15] Zwart A, Arts J H E, ten Berge W F, et al. Alternative acute inhalation toxicity testing by determination of the concentration-time-mortality relationship: Experimental comparison with standard LC50 testing. Regulatory Toxicology and Pharmacology, 1992, 15(3): 278-290.

[16] 何宁宁. 半数致死量的意义及其计算方法. 中国医院药学杂志, 1984, 4(7): 42-43.

[17] 金锡鹏. 半数致死剂量的应用及其局限性. 化工劳动卫生通讯, 1992, 4: 16-17.

[18] 黎七雄, 汪晖, 肖清秋, 等. 半数致死量(LD50)Bliss 法的评价及计算. 数理医药学杂志, 1995, 8(4): 318-320.

[19] Mortensen S R, Brimijoin S, Hooper M J, et al. Comparison of the in vitro Sensitivity of rat acetylcholinesterase to chlorpyrifos-oxon: What do tissue IC50 values represent. Toxicology and Applied Pharmacology, 1998, 148(1): 46-49.

[20] Chen J, Pan T, Pu T, et al. Predicting GHS toxicity using RTCA and discrete-time fourier transform. Journal of Bioinformatics and Computational Biology, 2016, 14(1): 1650004.

[21] Xi B, Wang T, Li N, et al. Functional cardiotoxicity profiling and screening using the xCELLigence RTCA cardio system. Journal of the Association for Laboratory Automation, 2011, 16(6): 415-421.

[22] Marx K A, O'Neil P, Hoffman P, et al. Data mining the NCI cancer cell line compound GI50 values: Identifying quinone subtypes effective against melanoma and leukemia cell classes. Journal of Chemical Information and Computer Sciences, 2003, 43(5): 1652-1667.

[23] Hafner M, Niepel M, Chung M, et al. Growth rate inhibition metrics correct for confounders in

measuring sensitivity to cancer drugs. Nature Methods, 2016, 13(6): 521-527.

[24] Cole M B, Davies K W, Munro G, et al. A vitalistic model to describe the thermal inactivation of listeria monocytogenes. Journal of Industrial Microbiology, 1993, 12(3-5): 232-239.

[25] Bruce R D, Versteeg D J. A statistical procedure for modeling continuous toxicity data. Environmental Toxicology and Chemistry, 1992, 11(10): 1485-1494.

[26] Peleg M, Cole M B. Reinterpretation of microbial survival curves. Critical Reviews in Food Science, 1998, 38(5): 353-380.

[27] Tong F P. Statistical methods for dose-response assays. Berkeley: University of California, Berkeley, 2010.

[28] Pan T, Huang B, Zhang W, et al. Cytotoxicity assessment based on the AUC50 using multi-concentration time-dependent cellular response curves. Analytica Chimica Acta, 2013, 764: 44-52.

[29] Pan T, Li H, Khare S, et al. High-throughput screening assay for the environmental water samples using cellular response profiles. Ecotoxicology and Environmental Safety, 2015, 114: 134-142.

[30] Mason I G, McLachlan R I, Gérard D T. A double exponential model for biochemical oxygen demand. Bioresource Technology, 2006, 97(2): 273-282.

[31] Zhang M, Aguilera D, Das C, et al. Measuring cytotoxicity: A new perspective on LC50. Anticancer Research, 2007, 27(1A): 35-38.

[32] Pan T, Khare S, Ackah F, et al. In vitro cytotoxicity assessment based on KC50 with real-time cell analyzer (RTCA)assay. Computational Biology and Chemistry, 2013, 47: 113-120.

[33] 陈娇. 细胞毒性数据的函数分析方法研究. 镇江: 江苏大学, 2018.

[34] Kanzow C, Yamashita N, Fukushima M. Levenberg–Marquardt methods with strong local convergence properties for solving nonlinear equations with convex constraints. Journal of Computational and Applied Mathematics, 2004, 172(2): 375-397.

[35] 曾丽海, 杨杏芬, 赵敏. 急性毒性体内及体外替代方法研究进展. 中国公共卫生, 2011, 27(10): 1331-1333.

[36] Wu F . Advancing knowledge on the environment and its impact on health, and meeting the challenges of global environmental change. Environ Health Perspect, 2012, 120(12): a450.

[37] Houtman J, Maisanaba S, Puerto M, et al. Toxicity assessment of organomodified clays used in food contact materials on human target cell lines. Applied Clay Science, 2014, 90: 150-158.

[38] Chandler K J, Barrier M, Jeffay S, et al. Evaluation of 309 environmental chemicals using a mouse embryonic stem cell adherent cell differentiation and cytotoxicity assay. PLoS One, 2011, 6(6): e18540. 1-e18540. 10.

[39] LLana-Ruiz-Cabello M, Maisanaba S, Puerto M, et al. Evaluation of the mutagenicity and genotoxic potential of carvacrol and thymol using the Ames salmonella test and alkaline, Endo III-and FPG-modified comet assays with the human cell line Caco-2. Food and Chemical Toxicology, 2014, 72: 122-128.

[40] Yamashoji S, Yoshikawa N, Kirihara M, et al. Screening test for rapid food safety evaluation by menadione-catalysed chemiluminescent assay. Food Chemistry, 2013, 138(4): 2146-2151.

[41] Graillot V, Tomasetig F, Cravedi J P, et al. Evidence of the in vitro genotoxicity of methyl-pyrazole pesticides in human cells. Mutation Research-Genetic Toxicology and Environmental Mutagenesis, 2012, 748(1-2): 8-16.

[42] Yang Y X, Song Z M, Cheng B, et al. Evaluation of the toxicity of food additive silica nanoparticles on gastrointestinal cells. Journal of Applied Toxicology, 2014, 34(4): 424-435.

[43] Interagency Coordinating Committee on the Validation of Alterna-tive Methods. Guidance document on using in vitro data to estimate in vivo starting doses for acute toxicity. NIH Publication No. 01-4500. National Instituteof Environmental Health Sciences, Research Triangle Park, NC, 2001.

第 4 章　基于细胞毒性动态响应曲线的化学物质 MoA 分类方法

4.1　引　　言

如前所述，外源化学物质作用于测试细胞株后，在其毒性的作用下，细胞会出现生长抑制或死亡，或者因激活作用而增殖速率加快等现象，在 RTCA 体外细胞实验中，直接体现在细胞存活数量的变化，且由于这些化学物质的"毒性通路"(toxic pathway)[1,2]不同，细胞数量的变化随着暴露时间的长短而不同，从而展现不同的形态，通过这些外在的细胞毒性响应曲线形态，结合相关生物学信息和计算模型，将化学物质扰动毒性通路的剂量和毒性效应关联起来，在细胞层面(cellular level)上，实现对外源性化学物质的高通量筛选(high throughput screening, HTS)。

毒性通路泛指"被化学分子过分干扰后引起有害健康效应的细胞生化通路"[3,4]。具有相同毒性通路的有毒物质，会产生类似的细胞毒性动态响应，称之为有毒物质的作用模式[5-7](mode of action, MoA)①，这种 MoA 描述了有毒物质的分子机制和细胞生理响应之间的复杂关系，特别是对分子确切的作用未知或者存在争议时[8]，可依据这些外在的细胞毒性响应，实现对化学物质的 MoA 分类[9]。Kavlock 等通过将化学物质的响应特征与已知的 MoA 进行比较，推断出被测化学物质的 MoA[10]。Cox 和 Coulter 根据预设标准，将化学物质分成不同的 MoA 类[11]。Cheng 等研究了具有亚结构的多种化学物质的毒性识别模式[12]。Vanneschi 等利用机器学习算法，从毒性通路角度，实现对乳腺癌患者的划分[13]。上述方法从分子层面(molecular level)对有毒物质进行分类，难以实现高通量的筛选。近年来，细胞电阻抗传感技术的快速发展，为化学物质高通量的筛选提供了一种有效的技术手段[14-19]。

实时细胞分析(RTCA)系统能够构建"细胞指数–暴露时间–有毒物质浓度"曲线簇 TCRCs，该 TCRCs 直接反映有毒物质的"毒性通路"(即 MoA)。以图 4.1 为例，它是细胞株 HepG2 分别暴露在多种浓度的 mitoxantrone，mitomycin 和 paclitaxel，docetaxel 四种物质中所产生的 TCRCs，由图可知，图 4.1(a)中 mitoxantrone 和 mitomycin 所产生 TCRCs 类似，因为它们都能抑制 DNA 和 RNA

---

① Mode of action refers to the description of key events and processes, starting with interaction of an agent with the cell through functional and anatomical changes, resulting in cancer or other health endpoints。

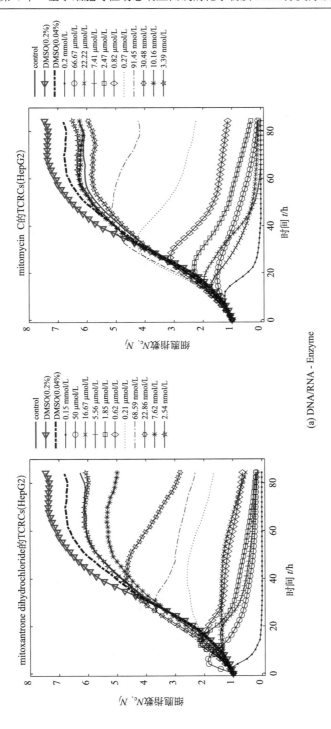

(a) DNA/RNA - Enzyme

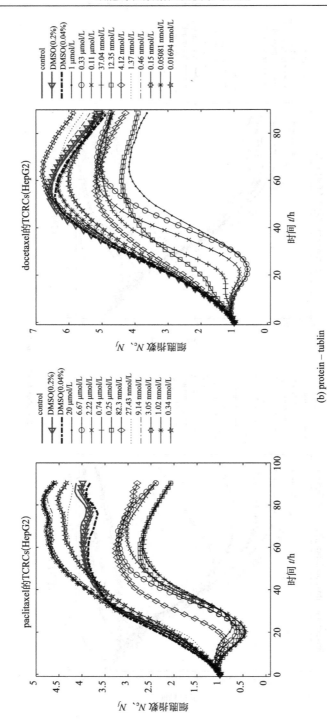

(b) protein-tublin

图 4.1　相同的 MoA 有毒物质具有相似的 TCRCs

的合成,或者是干扰其转录过程的作用[20-22],是典型的抗肿瘤用药,具有相同作用模式(即 DNA/RNA-enzyme);而图 4.1(b)中 paclitaxel 和 docetaxel 的 TCRCs 明显不同于图 4.1(a),因为这两种物质的作用是促进微管蛋白聚合作用和抑制微管解聚,导致形成稳定的非功能性微管束,从而破坏有丝分裂和细胞增殖(即 protein-tublin)[23,24]。

由此可见,利用 TCRCs 的曲线形状,对有毒物质进行分类,可以识别具有不同 MoA 的化学物质,进而实现高通量的筛选[25-28]。

本书以 HepG2 细胞株为例,将其暴露于 65 种化学物质的 11 个浓度中(所选化学物质信息见附录),在 RTCA 系统中持续监控 72h,获取各个化学物质的细胞毒性 TCRCs,利用函数型数据分析方法,抽取 TCRCs 的曲线特征,并基于层次分类法实现 65 种化学物质的 MoA 分类(无监督学习算法),从而实现高通量的化学物质筛选[29,30]。

4.2　TCRC 数据预处理

靶细胞暴露在化学物质中,由于浓度的差异,低浓度的 TCRCs 往往与阴性对照组的 TCRC 很相似,这些 TCRCs 并不能反映化学物质的 MoA 模式,并且会对后续的层次分类算法产生干扰,为此,在特征提取之前,需要对这些曲线进行预处理[31]。

为此,以阴性对照组的 TCRC 为参照物,按着采样时间为序,将化学物质细胞毒性 TCRCs 数据 $N_j(t)$ 除以阴性对照组 TCRC 数据 $N_c(t)$,得到细胞毒性指数的相对值 $\mathrm{RN}_j(t)$:

$$\mathrm{RN}_j(t) = \frac{N_j(t)}{N_c(t)}, \quad t = 1, 2, \cdots, T \tag{4.1}$$

式中,$N_j(t)$ 和 $N_c(t)$ 分别指在 t 时刻细胞株暴露于化学物质第 j 个浓度 $c_{e,j}$ 后的细胞存活数量和阴性对照组的细胞存活数量;$j = 1, 2, \cdots, J$ 为所选测试浓度的序号(这里 $J = 11$);t 为采样时间;T 为实验终止时间。

图 4.2 为式(4.1)的计算结果,由图可知,经过计算,阴性对照组的 TCRC 数据恒为 1,而化学物质的细胞毒性 TCRC 则展现不同的形态。

为了挑选出能够反映化学物质 MoA 的 TCRC(亦即与阴性对照组 TCRC 有明显区别),定义筛选指标 $\varXi_j$:

$$\begin{cases} \varXi_j = \displaystyle\sum_{t=1}^{T} \xi_j(t) \\ \xi_j(t) = \begin{cases} 0 & |RN_j(t) - 1| \leqslant \delta \\ 1 & \text{其他} \end{cases} \end{cases} \tag{4.2}$$

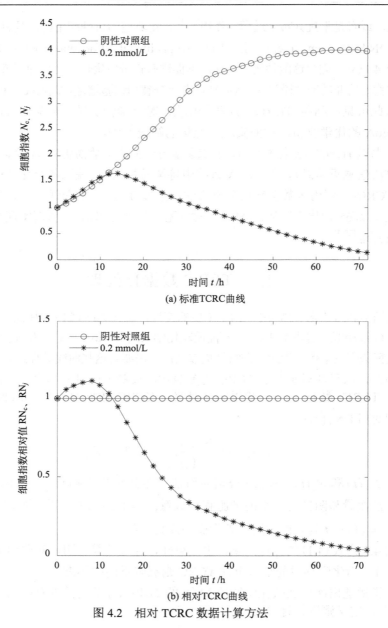

(a) 标准TCRC曲线

(b) 相对TCRC曲线

图 4.2　相对 TCRC 数据计算方法

式中，δ 为界定阈值（可调），用于评估细胞毒性 TCRC 与阴性对照组 TCRC 有无明显区别，本书设定 $\delta = 0.2$；Ξ_j 为统计指数，用于度量细胞毒性 TCRC 与阴性对照组 TCRC 的相似性，也就是说细胞毒性 TCRC 的离散数据点超过一定的数值（本书设定为 10），说明该细胞毒性 TCRC 具有明显的 MoA 特征：

$$\begin{cases} \text{include } j^{\text{th}} \text{ TCRC} & \varXi_j > 10 \\ \text{exclude } j^{\text{th}} \text{ TCRC} & \varXi_j \leqslant 10 \end{cases} \quad (4.3)$$

图 4.3 为化学物质 etoposide 两个浓度的相对 TCRC，如图 4.3（a）所示，低浓度（$c_{e,j}$＝0.82 μmol/L）的细胞毒性 TCRC 大部分都落入筛选区域中，与阴性对照组 TCRC 十分相似，不具备 MoA 特征，舍弃该 TCRC；而图 4.3（b）中的 TCRC（$c_{e,j}$＝0.2 mmol/L）则具有典型的特征，可用于后续的特征提取。

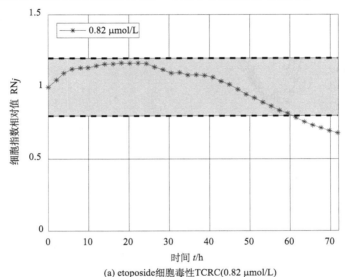

(a) etoposide细胞毒性TCRC(0.82 μmol/L)

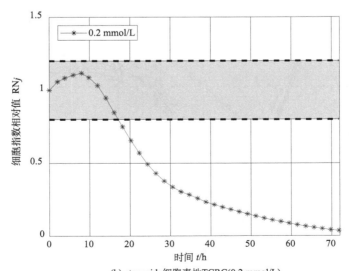

(b) etoposide细胞毒性TCRC(0.2 mmol/L)

图 4.3　有效的 TCRC 筛选图

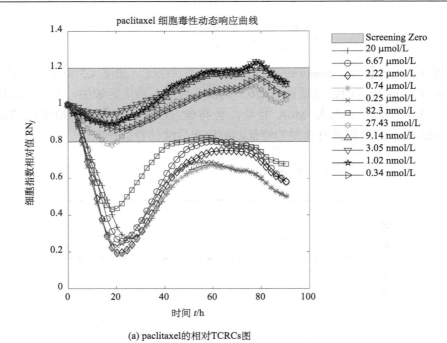

(a) paclitaxel的相对TCRCs图

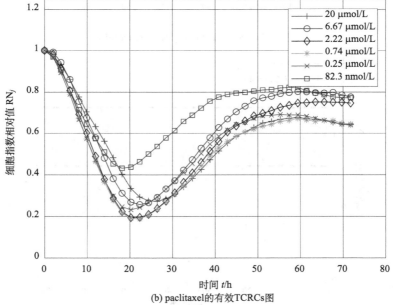

(b) paclitaxel的有效TCRCs图

图 4.4　paclitaxel 的相对 TCRCs 与有效的 TCRCs

经过式(4.3)的条件筛选后，只有利于 MoA 分类的 TCRCs 被保留，而与阴性对照组相似的 TCRCs 被剔除(图 4.4)。若某种化学物质的只有 1～2 条有效的 TCRCs，则认为该化学物质的 TCRCs 不具备统计意义，不可用于 MoA 分类，定义为"unclassified group"，其主要原因在于该化学物质的 RTCA 实验设计(design of experiment, DoE)不合理。

剔除无效的化学物质细胞毒性 TCRCs 和"unclassified group"化学物质后，用于分类的 TCRCs 数据 $\mathrm{RN}_j(t)$，可用矩阵 $S^{(i)} \in \Re^{J \times T}$，这里 $i = 1, 2, \cdots, N$ 为待分类的化学物质序号，N 为总的化学物质数目；J 为有效的 TCRCs 数目；T 为采样点数(由于本 RTCA 实验时间为 72h，采样间隔为 2h，故 $T = 36$)。

4.3　算法原理及步骤

化学物质的细胞毒性 MoA 分类是高通量筛选的一个关键技术，也是研究热点之一，其主要技术手段为聚类分析。聚类的目标是使同一类对象的相似度尽可能地小，不同对象之间的相似度尽可能地大[32,33]。目前，聚类算法很多(如层次聚类算法、分割聚类算法、机器学习等)，广泛应用于语音识别、字符识别、图像分割、机器视觉、数据压缩和信息检索等领域[34-36]。

典型的聚类过程主要包括数据(或称之为样本或模式)准备、特征选择和特征提取、接近度计算、聚类、对聚类结果进行有效性评估等步骤[37-39]：

(1)数据准备：包括特征标准化和降维。

(2)特征选择：从最初的特征中选择最有效的特征，并将其存储于向量中。

(3)特征提取：通过对所选择的特征进行转换形成新的突出特征。

(4)聚类：首先选择合适特征类型的某种距离函数(或构造新的距离函数)进行接近程度的度量，再执行聚类。

(5)聚类结果评估：对聚类结果进行评估。主要包括三种：外部有效性评估、内部有效性评估和相关性测试评估。

经过有效的 TCRCs 筛选之后，每种化学物质都含有多条 TCRCs 数据，这些数据有两个特征：①每条 TCRC 都是典型的时间序列数据；②每种化学物质所包含的有效 TCRCs 个数不一样(样本维度不一致)。因此，TCRCs 数据的高维性、函数型、多维性给化学物质 MoA 分类带来困难。本书提出两步法进行 TCRCs 的特征提取(表 4.1)。

表 4.1　TCRCs 特征提取两步法

TCRCs 特征提取伪代码
1　输入：化学物质有效的 TCRCs 数据：$\left\{X^{(i)}\right\}_{i=1}^{N}$
2　用 PCA 算法对 $\left\{X^{(i)}\right\}_{i=1}^{N}$ 进行主成分分析，得到第一主成分得分向量 $\left\{S^{(i)}\right\}_{i=1}^{N}$（使数据维度保持一致）
3　用三次 B 样条基函数近似化学物质的得分向量 $\left\{S^{(i)}\right\}_{i=1}^{N}$，保留基函数的系数向量 $\left\{C^{(i)}\right\}_{i=1}^{N}$（特征提取）

4.3.1　主成分分析

主成分分析(principal component analysis, PCA)是一种数据分析技术，它采用正交变换从一组众多相关变量中，提取一组新的相互无关的综合变量代替原始变量[40,41]。该方法能尽可能地保留原始数据的信息量，这里"信息"用方差来度量，方差越大，包含的信息就越多。显然，第一组变量 s_1 的方差 $\mathrm{Var}(s_1)$ 应该最大，故称为第一主成分，如果第一主成分不足以代表原始变量的信息，再考虑选取 s_2 即第二个主成分，为了有效地反映原来的信息，s_1 已有的信息就不需要出现在 s_2 中，即 $\mathrm{Cov}(s_1,s_2)=0$，以此类推，可构造出第 3，4，$\cdots$，p 个主成分。

在应用主成分分析方法之前，需要对每一种化学物质的所有 TCRCs 数据 $S \in \Re^{J \times T}$ 进行归一化处理[1]，即

$$Y_t = \frac{S_t - \mu_t}{\sigma_t}, \quad t=1,2,\cdots,T$$

$$\mathrm{s.t.} \begin{cases} \mu_t = \dfrac{1}{J}\sum_{j=1}^{J} S_j \\ \sigma_t = \sqrt{\dfrac{1}{J-1}\left(S_j - \mu_t\right)^2} \end{cases} \tag{4.4}$$

式中，J 为有效的 TCRCs 数目；T 为采样点数。

采用奇异值分解(singular value decomposition, SVD)实现主成分分析：

$$\boldsymbol{Y} = \boldsymbol{U\Sigma V}^{\mathrm{T}} = \left[u_1, u_2, \cdots, u_n\right] \begin{bmatrix} \lambda_1 & & & \\ & \lambda_2 & & \\ & & \ddots & \\ & & & \lambda_n \end{bmatrix} \begin{bmatrix} v_1 \\ v_2 \\ \vdots \\ v_n \end{bmatrix} \tag{4.5}$$

式中，$\boldsymbol{Y}=\left[Y_1,Y_2,\cdots,Y_J\right]^{\mathrm{T}}$，$\boldsymbol{U}=\left[u_1,u_2,\cdots,u_n\right]$ 为 $J\times n$ 矩阵，满足 $\boldsymbol{U}^{\mathrm{T}}\boldsymbol{U}=\boldsymbol{I}$；$\boldsymbol{\Sigma}=\mathrm{diag}(\lambda_1,\lambda_2,\cdots,\lambda_n)$ 为 $n\times n$ 对角矩阵，其对角线元素为 $\boldsymbol{Y}$ 的奇异值；$\boldsymbol{V}=\left[v_1,v_2,\cdots,v_n\right]$ 为 $n\times n$ 的矩阵，满足 $\left(\boldsymbol{V}^{\mathrm{T}}\boldsymbol{V}=\boldsymbol{I}\right)$。从而，$\boldsymbol{Y}^{\mathrm{T}}\boldsymbol{Y}$ 能写成

$$\boldsymbol{Y}^{\mathrm{T}}\boldsymbol{Y}=\boldsymbol{V}\boldsymbol{\Sigma}\boldsymbol{U}^{\mathrm{T}}\boldsymbol{U}\boldsymbol{\Sigma}\boldsymbol{V}^{\mathrm{T}}=\boldsymbol{V}\boldsymbol{\Sigma}^2\boldsymbol{V}^{\mathrm{T}} \tag{4.6}$$

因此，得分矩阵 $\boldsymbol{Z}=\left[z_1,z_2,\cdots,z_n\right]$ 在投影空间上的坐标值可以写成

$$\boldsymbol{Z}=\boldsymbol{Y}\boldsymbol{V}=\boldsymbol{U}\boldsymbol{\Sigma}\boldsymbol{V}^{\mathrm{T}}\boldsymbol{V}=\boldsymbol{U}\boldsymbol{\Sigma} \tag{4.7}$$

其主成分可用下式计算：

$$z_n=\lambda_n u_n=\boldsymbol{Y}v_n \tag{4.8}$$

计算每一个主成分的方差贡献率：

$$\mathrm{Variance\_Explained}_i=100\times\mathrm{latent}_i/\sum_{i=1}^{n}\mathrm{latent}_i \tag{4.9}$$

式中，$i=1,2,\cdots,n$ 为主成分个数；$\mathrm{Variance\_Explained}_i$ 是第 i 个主成分的方差贡献率；latent_i 是第 i 个主成分方差。

选择方差累计贡献率超过 80%以上的主成分为新的特征空间（图 4.5(c)）。图 4.5 为紫杉醇 paclitaxel 的主成分分析图，由图可知，第一主成分明显比后 5 个主成分的贡献率要高很多，它解释了大约 95.7%的方差，由第一主成分构成的投影如图 4.5(b)所示，基本保留了有效 TCRCs 的曲线形状。

在本书 MoA 聚类分析中，仅取第一个主成分用于特征提取。

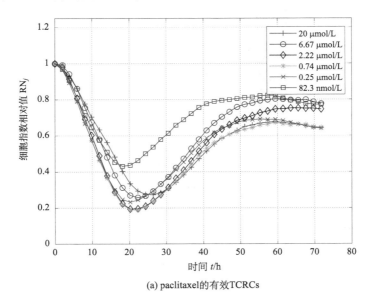

(a) paclitaxel的有效TCRCs

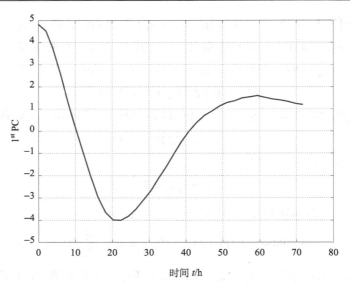

(b) 第一主成分图

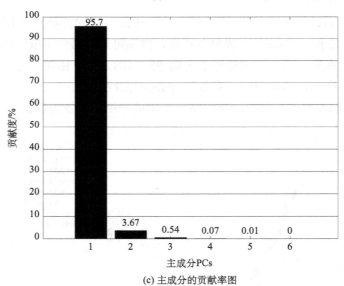

(c) 主成分的贡献率图

图 4.5　paclitaxel 的 TCRCs 主成分分析图

核心的 MATLAB 代码如下：

```
1    Y = zscore(S);
2    [COEFF, SCORE, LATENT] = princomp(Y);
3    ratio = 100*LATENT./ sum(LATENT);
```

　　备注：①输入参数 Y 为 TCRCs 数据矩阵。每行代表一个时间点的观察数据，每列则代表一个样本的时间点。②COEFF 就是所需要的特征向量组成的矩阵，每列表示一个主成分向量，并且是按照对应特征值降序排列的。所以，如果只需要前 k 个主成分向量，可通过"COEFF(:,1:k)"来获得。③SCORE 表示原数据在各主成分向量上的投影(注意：是原数据经过中心化后在主成分向量上的投影)。即通过 SCORE = y0*COEFF 求得。其中 y0 是中心平移后的 Y(注意：是对维度进行中心平移，而非样本)。因此在重建时，就需要加上这个平均值了。④LATENT 是一个列向量，表示特征值，并且按降序排列。

　　除 TCRCs 曲线形状之外，曲线的变化率(即细胞的增殖速度)也体现了化学物质 MoA 模式，它直接反映了在单位时间内，细胞数量的变化率，在本书算法中，也将其作为一个特征纳入层次分类中，其计算公式为

$$\Delta \mathrm{RN}_j(t) = \mathrm{RN}_j(t) - \mathrm{RN}_j(t-1), \quad t = 2, \cdots, T \tag{4.10}$$

　　类似于前文分析，提取有效 TCRCs 曲线的变化率第一主成分，用于特征提取，图 4.6 为紫杉醇(paclitaxel)的 TCRCs 变化率及其第一主成分图，由图可知，TCRCs 曲线变化率呈现非光滑特性，需采用函数型分析方法做进一步特征提取。

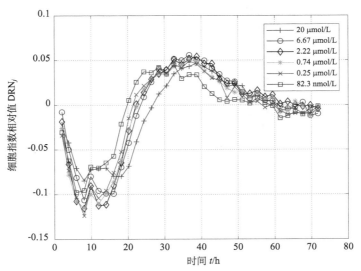

(a) 紫杉醇(paclitaxel)的有效TCRCs的变化率

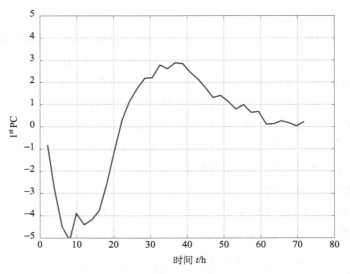

(b) TCRCs变化率的第一主成分图

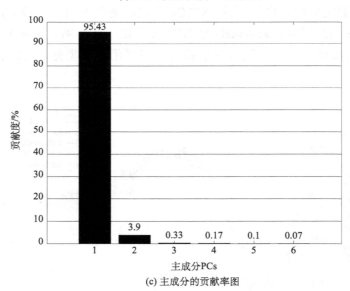

(c) 主成分的贡献率图

图 4.6　紫杉醇(paclitaxel)的 TCRCs 变化率及其主成分分析图

4.3.2　函数型数据分析

函数型数据分析(functional data analysis, FDA)的基本思路是将观测到具有函数性质的样本数据看作一个整体,而不是单个观测值的序列。函数型数据的表现形式为光滑的曲线或连续的函数,"函数型"在此描述的是样本数据的内在结构,而不是样本数据的外在表现形式[42-45]。

实际中获得的数据往往是离散的而且只有有限多个，而在一般的函数形式中，已知函数在其自变量（比如时间）的取值范围（定义域）内却包含无穷多个值。因此，在函数型数据分析中，首要的工作是将观测到的离散的数据值转化为一个函数。具体来说，就是利用某次观测的原始数据定义出一个函数 $x(t)$，它在某一个区间上所有自变量处的值都被估算出来。如果获得的离散数据没有误差，称这个过程为插值（interpolation）；如果获得的离散数据含有误差，且需要把这些观测性误差消除掉，那么将离散型数据转化为函数时，就需要对数据进行光滑处理（smoothing）。解决这个问题的基本方法是选定一组基函数 $\left\{\phi_k(t)\right\}_{k=1}^m$，并用基函数的线性组合给出函数的 $x(t)$ 的估计 $\hat{x}(t)$，即

$$\hat{x}(t) = \sum_{k=1}^m c_k \phi_k(t) \tag{4.11}$$

Fourier 基函数（Fourier basis function）和 B 样条基函数（B-spline basis function）是至今最为重要的两个基函数，大多数实际问题的数据可以使用它们进行处理。前者适应于周期性数据，后者适应于非周期性数据。如前所述，细胞毒性动态响应 TCRCs 是非周期性的时间序列数据，因此，本书选择 B 样条基函数。

结合 RTCA 采样过程，将函数的定义区间用断点序列 $0 = t_0 < t_1 < \cdots < t_n = 72$ 分成 n 个子区间（RTCA 系统设定采样间隔为 2h，因此 $n = 36$），在每一个子区间上，定义一个阶为 m 的多项式，这里的阶是指定义多项式所需的系数个数。相邻多项式要求在断点处连续，并且在定义域中存在 $m-2$ 次导数，这样：

$$n_{\text{basis}} = n_{\text{order}} + n_{\text{interior knots}} \tag{4.12}$$

式中，n_{basis} 为样条函数的自由度；n_{order} 为多项式的阶次；$n_{\text{interior knots}}$ 为内点个数（除起始点、终止点之外）。

B 样条函数基本描述形式如下：

$$B_{i,0}(t) = \begin{cases} 1, & t_i < t_{i+1} \\ 0, & \text{其他} \end{cases} \tag{4.13}$$

$$B_{i,m}(t) = \frac{t - t_i}{t_{i+m} - t_i} B_{i,m-1}(t) + \frac{t_{i+m+1} - t}{t_{i+m+1} - t_{i+1}} B_{i+1,m-1}(t), \ i = 1, 2, \cdots \tag{4.14}$$

式中，$B_{i,m}$ 表示第 i 个 m 阶 B 样条函数。

每个 m 阶 B 样条函数只在不超过 m 个相邻子区间上取正值，在其他定义域上取 0，这种紧支集性质给了 B 样条函数良好的数值计算性质。

如前所述，选用 B 样条作为基函数，还要考虑其导函数的估计，为此，其阶数至少要比估计的导数阶数高 2 阶，也就是说，至少需要三次(4 阶)B 样条函数。

在选定基函数后，就需要估计基函数展开式(4.11)中的系数向量。设 TCRC 的光滑函数形式 $x(t)$ 定义为基函数的线性组合：

$$x(t) = \sum_{k=1}^{m} c_k \phi_k(t) = \boldsymbol{c}^{\mathrm{T}} \boldsymbol{\phi} \tag{4.15}$$

式中，$\boldsymbol{c}$ 是所有系数 c_k 的向量形式；$\boldsymbol{\phi}$ 是所有基函数 ϕ_k 的向量形式；可通过最小二乘法估计 ϕ_k：

$$\mathrm{SSE}(\boldsymbol{s} \mid \boldsymbol{c}) = \sum_{t=1}^{T} \left[s_t - \sum_{k=1}^{m} c_k \phi_k(t) \right]^2 \tag{4.16}$$

式中，$\boldsymbol{s} = [s_1, s_2, \cdots, s_T]^{\mathrm{T}}$；$s_t$ 为 TCRCs 第一主成分；$\boldsymbol{c} = [c_1, c_2, \cdots, c_m]^{\mathrm{T}}$。

参数向量的最小二乘估计为

$$\hat{c} = \left(\boldsymbol{\phi}^{\mathrm{T}} \boldsymbol{\phi} \right)^{-1} \boldsymbol{\phi}^{\mathrm{T}} \boldsymbol{s} \tag{4.17}$$

利用采集到的观测值来拟合函数曲线，一般需要考虑两个问题：一个是在保证残差平方和最小的情况下，使得拟合得到的函数曲线能够很好地表示原始样本数据的各种特性；另一个是当得到的拟合曲线局部波动较大时，为了保留曲线较好的光滑性而不再要求较高的拟合。故引入了粗糙惩罚法：

$$\mathrm{PENSSE}_\lambda = \mathrm{SSE}(\boldsymbol{s} \mid \boldsymbol{c}) + \lambda \times \mathrm{PEN}_2(x) \tag{4.18}$$

式中，$\mathrm{PEN}_2(x)$ 为二阶导数平方积分，即

$$\mathrm{PEN}_2(x) = \int \left\{ D^2 x(s) \right\} \mathrm{d}s = \left\| D^2 x \right\|^2 \tag{4.19}$$

由式(4.18)可知，数据的均方误差为数据的偏差平方与样本方差之和。当函数值 $x(t)$ 是样本数据 s_t 本身的完全无偏估计量时，所得到的光滑曲线 x 是对样本数据观测值 s_t 的无偏差拟合。在这种情况下，拟合的函数曲线在某些时刻点有较大的波动时，会使得拟合曲线方差较大。在分析中会选择牺牲一点偏差，从而减小样本方差使得样本均方误差减小，这正是在拟合曲线时增加一个粗糙光滑惩罚项的目的。

参数 λ 是一个光滑参数，该参数的选择根据广义交叉验证(general cross validation, GCV)来选取。λ 越大，表示具有越大的粗糙惩罚；当 λ 趋于无穷时，表示拟合出的函数曲线 x 趋于样本观测数据的线性回归曲线。反之，λ 越小，表示对拟合的函数曲线有越小的粗糙惩罚度；当 λ 趋于零时，拟合的函数曲线就会转化为在样本观测数据内插。

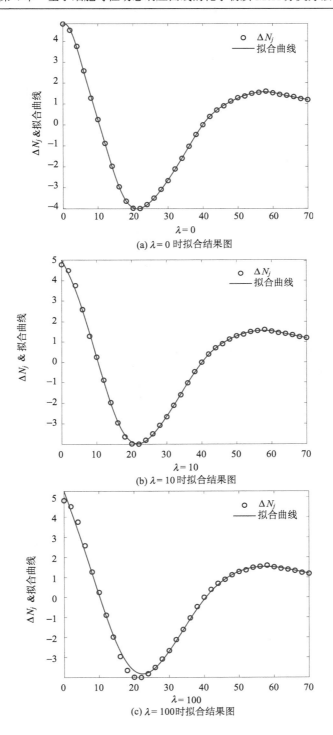

(a) $\lambda = 0$ 时拟合结果图

(b) $\lambda = 10$ 时拟合结果图

(c) $\lambda = 100$ 时拟合结果图

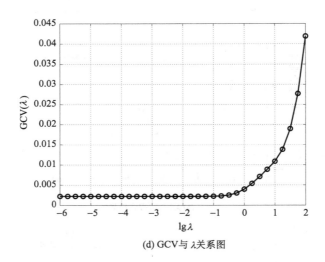

(d) GCV与λ关系图

图4.7 光滑参数λ与TCRC关系图(paclitaxel)

图4.7与图4.8给出了三次B样条拟合经PCA处理后的TCRC及其曲线变化率的效果图,由图可知,曲线的平滑度取决于平滑参数λ值的选取,综合图4.7(d)与图4.8(d)的GCV指标,本书的λ值建议为10。

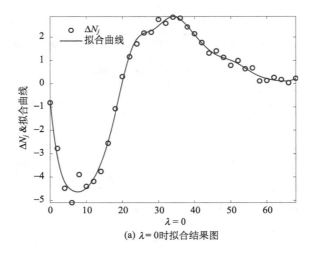

(a) λ=0时拟合结果图

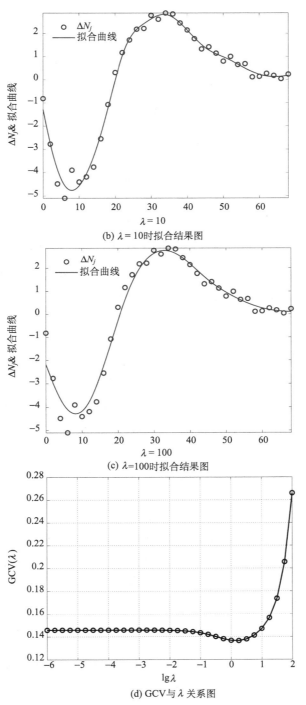

(b) λ = 10时拟合结果图

(c) λ=100时拟合结果图

(d) GCV与λ关系图

图 4.8　光滑参数 λ 与 TCRC 曲线变化率关系图（paclitaxel）

4.3.3　层次聚类算法

聚类是指将数据集划分为若干类，使得类内之间的数据最为相似，各类之间的数据相似度差别尽可能大。因此，聚类分析是以相似度为基础，对数据集进行聚类划分[32-46]，其基本思想如下式所示：

$$
\begin{aligned}
&\bigcup_{k=1}^{q} U_k = C \\
&U_k \neq \varnothing, \quad k = 1, 2, \cdots, q \\
&U_i \bigcap U_j = \varnothing, \, i, j = 1, 2, \cdots, q, i \neq j
\end{aligned}
\tag{4.20}
$$

式中，C 为数据集；U_k 为聚类簇；$\varnothing$ 为空集合。

经过 PCA 和 FDA 提取特征后，将 B 样条函数的系数 $\boldsymbol{c} = [c_1, c_2, \cdots, c_m]^{\mathrm{T}}$ 作为化学物质细胞毒性 TCRCs 的特征向量（相对于 TCRC 数据，维度降低），本书采用层次聚类（hierarchical clustering）算法进行 MoA 分类[30]。层次聚类算法首先通过相似性函数（一般为欧氏距离）计算样本间的相似性并构成相似性矩阵 $\boldsymbol{R} = (r_{ij})_{N \times N}$，再根据样本间的相似性矩阵把样本集 $C \in \Re^{N \times m}$ 组成一个分层结构，产生一个从 1 到 N 的聚类序列。这个序列有着二叉树的形式，即每个树的节点有两个分支，从而使得聚类结果构成样本集 C 的系统树图 $\boldsymbol{H} = \{H_1, H_2, \cdots, H_q\}$，$q \leqslant N$ 使得 $U_j \in H_j$ 且 $1 < i < j < q$，有 $U_i \subset U_j$ 或 $U_i \bigcap U_j = \varnothing$ 对所有的 $j \neq i$ 都成立。从系统树图形成的方式可将层次聚类算法分成"凝聚式算法"和"分裂式算法"。

凝聚式算法是以"自底向上"的方式进行的。首先将每个样本作为一个聚类，然后合并相似性最大的聚类为一个大的聚类，直到所有的聚类都被融合成一个大的聚类。它以 N 个聚类开始，以 1 个聚类结束。

分裂式算法是以一种"自顶向下"的方式进行的。一开始它将整个样本看作一个大的聚类。在算法进行的过程中，考察所有可能的分裂方法，把整个聚类分成若干个小的聚类。第 1 步分成 2 类，第 2 步分成 3 类，这样一直进行下去直到最后一步分成 N 类。在每一步中选择一个使得相异程度最小的分裂。运用这种方法，可以得到一个相反结构的系统树图，它以 1 个聚类开始，以 N 个聚类结束。

设样本集 $C \in \Re^{N \times m}$ 通过某相似性度量得到的相似性矩阵为 $\boldsymbol{R} = (r_{ij})_{N \times N}$，其通过凝聚式层次聚类算法得到的系统树图为 $\boldsymbol{H} = \{H_1, H_2, \cdots, H_q\}$。对于此系统树图

中的任何一层 H_k，设其中包含 k 个聚类，每个聚类中含有 n_j 个样本，$j = 1, 2, \cdots, k$，则所有样本间的相似性的算术平均值定义为样本集的平均相似性向量 $\bar{r}$，即 $\bar{r} = \dfrac{1}{N} \sum\limits_{i=1}^{N} R_i$。而对于其中的任意一个类，类内所有样本间相似性的算术平均值定义为类内平均相似性向量 $\bar{r}^{(j)}$。

则样本集 $C \in \Re^{N \times m}$ 聚类结果的类内紧密性度量定义为

$$R_{\mathrm{in}} = \sum_{i=1}^{k} \frac{1}{n_j} \sum_{j=1}^{n_j} \left\| R_j - \bar{r}^{(j)} \right\|^2 \tag{4.21}$$

式 (4.21) 直接反映了类内的紧密性，若类内样本越相似，则同一类内样本相互间的相似性差异就越小。也就是说，每个样本与其他样本的相似性与类内平均相似性（R_{in}）就会相对小。

类似的，可定义样本集 $C \in \Re^{N \times m}$ 聚类结果的类间离散性度量：

$$R_{\mathrm{be}} = \frac{1}{N} \sum_{j=1}^{k} \left\| \bar{r}^{(j)} - \bar{r} \right\|^2 \tag{4.22}$$

式 (4.22) 直接反映了类与类之间的分离性，若类间的分离性较好，则各类的平均相似性向量与样本集平均相似性向量（R_{be}）的差异必然越大。

对于一个好的聚类，其类内紧密性度量 R_{in} 值较小，而类间离散性度量 R_{be} 值也就越大。从而可定义聚类算法的有效性指标：

$$V = R_{\mathrm{be}} - R_{\mathrm{in}} \tag{4.23}$$

聚类结果对应的 V 越大，聚类的结果越好。

本书层次聚类算法，直接采用 Martinez 和 Martinez 开发的 MATLAB（R2011b，Mathworks，Natick，MA）工具箱 "Model-based Clustering Toolbox"（核心函数为 agmbclust）实现化学物质的 MoA 分类。

4.4　算法验证及结果

用 PCA 的第一主成分描述每一种测试化学物质的有效 TCRC 及其曲线变化率，并用 16 个三次 B 样条函数，对提取的第一主成分进行 FDA 分析。这样，每种化学物质的系数特征就有两组 16×1 向量（曲线及其变化率），基于层次聚类算法，生成一个树状图供用户分析。

对于层次聚类，如何基于树状图确定聚类数是个难点，常规的层次关联为解决这一问题提供了一种解决方案，但很难说明平行组之间的关系。本书采用两级层次树状图切割策略，对化学物质之间的层次结构进行解析，该策略基于用户的理解与需求以及层次间的显著程度，两级树状图切割策略可以避免在一个高度上统一切割树状图的情况。本书中，第一级以化学物质 TCRCs 曲线变化率为基础，第二级则以 TCRCs 为基础。TCRCs 曲线变化率描述的是细胞增殖抑制/死亡变化的变异程度，而 TCRCs 反映了细胞实际的数量值。为了保证得到更好的分类结果，将两种衡量方法结合起来，更全面地描述了 TCRCs 的形状。

图 4.9 为基于 TCRCs 曲线变化率 $\Delta RN_j(t)$ 的第一主成分提取特征，利用层次分类方法所生成的化学物质树状图(三个子树分别用三种不同颜色标记)。由图可知，$\Delta RN_j(t)$ 度量了在单位时间间隔内细胞数量的变化速率，从而可以有效地判别出具有明显差异曲率的化学物质。

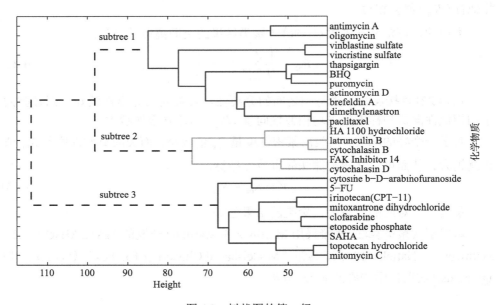

图 4.9　树状图的第一级

对前一级所生成的树状图，在两个相邻节点等级之间的高度变化比较明显，且所生成的簇数不多的位置进行切割，生成第二级树状图。再利用 TCRC 的第一主成分提取特征值。基于层次聚类算法，对化学物质再次聚类。图 4.10、图 4.11、图 4.12 分别为切割树状图(图 4.9)的 subtree 1、subtree 2、subtree 3 所得分类结果。化学物质的 TCRCs 形状直接体现了细胞毒性的 MoA 模式。

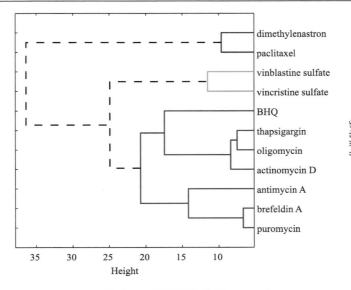

图 4.10　树状图的分支 subtree 1

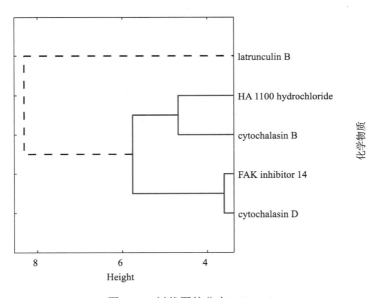

图 4.11　树状图的分支 subtree 2

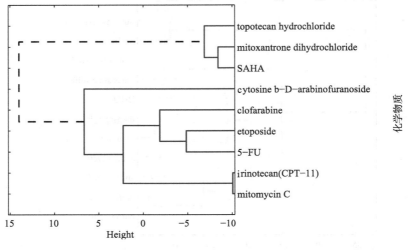

图 4.12　树状图的分支 subtree 3

4.5　结果与讨论

如前所述，化学分子干扰后，会对细胞产生有害的健康效应，这些在分子层面 (molecular level) 的相互作用导致细胞数量、细胞形态以及细胞功能发生变化，进而改变组织和器官的生理功能，描述化学物质靶目标作用所引起的生理/行为反应的特征集合称为作用机制 (mechanism of action，MeoA)[①]，本书是从细胞层面 (cellular level) 上观察化学物质的 MeoA 机制。基于多浓度 TCRCs 曲线及其曲线变化率，利用 PCA 和 FDA 捕获随时间变化的动态细胞响应，再基于层次聚类生成合理的树状图，实现化学物质的 MoA 分类。

式 (4.2) 中 δ 值决定了用于分类的 TCRCs 数量。δ 值越大，有效的 TCRCs 数量就越少。为保证有足够数量的 TCRCs 用于特征提取与模式分类，本书建议以阴性对照组的微孔再现性作为参考，这里 RTCA 微孔间的再现性用变异系数 (CV) 衡量。经计算，各微孔板内的 CV 均小于 17.9%，而 δ 值应该大于阴性对照组的 CV 最大值。因此，δ 值建议为 0.2。

原则上，可观察的细胞毒性作用模式 (MoA) 和靶目标作用机制 (MeoA) 是成正比的；然而，由于细胞适应性和防御机制常常导致 MoA 和 MeoA 不匹配。为

---

① Mechanism of action is defined as the detailed molecular description of key events in the induction of cancer or other health endpoints。

了验证所提分类方法的结果与化学物质作用机制之间的匹配度，将所有化学物质 RTCA 数据集分成训练集和测试集。训练集含有 25 种化学物质，测试集中含有 22 种化学物质。以训练集为参照，通过极小化特征向量与训练集数据的欧氏距离，确定测试集中的化学物质的 MoA 分类，并以 GRAC 靶目标标签[①]，作为类别标签，检验其匹配率，匹配率由下式定义：

$$\eta = \frac{N_c}{N_t} \times 100\% \tag{4.24}$$

式中，N_c 是准确分类的化学物质数量。这里，准确分类的标准为：①测试集的化学物质 TCRCs 与训练集中相应簇内化学物质 TCRCs 相似；②测试集的化学物质 MeoA 与训练集中相应簇内化学物质 MoA 相同。N_t 是测试集中化学物质的总数量。

　　若 MoA 分类与靶目标（target activity）不一致，则认为存在机制差异。结果表明，与分子机制的 MeoA 匹配度达到 90.9%。由此可见，MoA 是指在细胞层面上体现化学物质的不良生物反应，而 MeoA 是指在分子层面上化学物质的靶目标作用。因此，细胞可能以适应性解毒或防御机制对不同化学物质的靶目标（不同的MeoA）做出反应，从而产生类似的细胞毒性动态响应。因此，可基于 TCRCs，采用 PCA、FDA 以及层次聚类对未知特性的化学物质进行筛选，并根据细胞动态响应的相似性对进行分类，从而实现化学物质的高通量筛选。

参 考 文 献

[1] Chen J, Pan T, Chen S, et al. Pattern recognition for cytotoxicity mode of action (MOA) of chemicals by using a high-throughput real-time cell analyzer. RSC Advances, 2016, 6(113): 111718-111728.

[2] Raffray M, Cohen G M. Apoptosis and necrosis in toxicology: Acontinuum or distinct modes of cell death. Pharmacology and Therapeutics, 1997, 75(3): 153-177.

[3] 王中钰, 陈景文, 乔显亮, 等. 面向化学品风险评价的计算(预测)毒理学. 中国科学-化学, 2016, 46(2): 222-240.

[4] National Research Council. Monoclonal Antibody Production. Washington, D. C. : National Academy Press, 1999.

[5] Escher B I, Hermens J L M. Modes of action in ecotoxicology: Their role in body burdens, species sensitivity, qsars, and mixture effects. Environmental Science and Technology, 2002, 36(20): 4201-4217.

[6] Escher B I, Ashauer R, Dyer S, et al. Crucial role of mechanisms and modes of toxic action for understanding tissue residue toxicity and internal effect concentrations of organic chemicals.

---

① GRAC：guide to receptors and channels。

Integrated Environmental Assessment and Management, 2011, 7(1): 28-49.

[7] Houck K A, Kavlock R J. Understanding mechanisms of toxicity: Insights from drug discovery research. Toxicology and Applied Pharmacology, 2008, 227(2): 163-178.

[8] Kienzler A, Barron M G, Belanger S E, et al. Mode of action (MOA) assignment classifications for ecotoxicology: An evaluation of approaches. Environmental Science and Technology, 2017, 51(17): 10203-10211.

[9] Herbicide Group Classification by Mode of Action. Alberta Agriculture and Rural Development. 2012.

[10] Kavlock R, Cummings A. Mode of action: Reduction of testosterone availability-molinate-induced inhibition of spermatogenesis. Critical Reviews in Toxicology, 2005, 35(8-9): 685-690.

[11] Cox J C, Coulter A R. Adjuvants—a classification and review of their modes of action. Vaccine, 1997, 15(3): 248-256.

[12] Cheng F X, Shen J, Yu Y, et al. In silico prediction of tetrahymena pyriformis toxicity for diverse industrial chemicals with substructure pattern recognition and machine learning methods. Chemosphere, 2011, 82(11): 1636-1643.

[13] Vanneschi L, Farinaccio A, Mauri G, et al. A comparison of machine learning techniques for survival prediction in breast cancer. BioData Mining, 2011, 4(12): 1-13.

[14] Bird C, Kirstein S. Real-time, label-free monitoring of cellular invasion and migration with the xcelligence system. Nature Methods, 2009, 6(8): 622.

[15] Slanina H, König A, Claus H, et al. Real-time impedance analysis of host cell response to meningococcal infection. Journal of Microbiological Methods, 2011, 84(1): 101-108.

[16] Xing J Z, Zhu L, Jackson J A, et al. Dynamic monitoring of cytotoxicity on microelectronic sensors. Chemical Research in Toxicology, 2005, 18(2): 154-161.

[17] González J E, Oades K, Leychkis Y, et al. Cell-based assays and instrumentation for screening ion-channel targets. Drug Discovery Today, 1999, 4(9): 431-439.

[18] Silverman L, Campbell R, Broach J R. New assay technologies for high-throughput screening. Current Opinion in Chemical Biology, 1998, 2(3): 397-403.

[19] Limame R, Wouters A, Pauwels B, et al. Comparative analysis of dynamic cell viability, migration and invasion assessments by novel real-time technology and classic endpoint assays. PLoS One, 2012, 7(10): e46536.

[20] National Research Council. Committee on Toxicity Testing and Assessment of Environmental Agents. Toxicity testing in the 21st century: a vision and a strategy, 2007.

[21] Alexander S P H, Mathie A, Peters J A. Guide to receptors and channels (GRAC). British Journal of Pharmacology, 2011, 164: S1-S2.

[22] Hosseinkhani H, Hosseinkhani M, Khademhosseini A. Emerging applications of hydrogels and microscale technologies in drug discovery. Drug Discovery, 2006, 1: 32-34.

[23] Gies J P, Landry Y. Molecular drug targets//Wermuth C G. The Practice of Medicinal Chemistry. 3rd ed. Amsterdam/Boston: Elsevier/Academic Press, 2008: 85-105.

[24] Imming P. Medicinal chemistry: Definitions and objectives, drug activity phases, drug classification systems//Wermuth C G. The Practice of Medicinal Chemistry. 3rd ed. Amsterdam/

Boston: Elsevier/Academic Press, 2008: 63-72.

[25] Fraley C, Raftery A E. Model-based clustering, discriminant analysis, and density estimation. Journal of the American Statistical Association, 2002, 97(458): 611-631.

[26] Fung D C Y, Lo A, Jankova L, et al. Classification of cancer patients using pathway analysis and network clustering//Network Biology. New Jersey: Humana Press, 2011: 311-336.

[27] Abassi Y A, Xi B, Zhang W, et al. Kinetic cell-based morphological screening: Prediction of mechanism of compound action and off-target effects. Chemistry and Biology, 2009, 16(7): 712-723.

[28] Simmons S O, Fan C Y, Ramabhadran R. Cellular stress response pathway system as a sentinel ensemble in toxicological screening. Toxicological Sciences, 2009, 111(2): 202-225.

[29] Pan T H, Huang B, Xing J Z, et al. Recognition of chemical compounds in contaminated water using time-dependent multiple dose cellular responses. Analytica Chimica Acta, 2012, 724: 30-39.

[30] Xi Z, Khare S, Cheung A, et al. Mode of action classification of chemicals using multi-concentration time-dependent cellular response profiles. Computational Biology and Chemistry, 2014, 49: 23-35.

[31] 陈娇. 细胞毒性数据的函数分析方法研究. 镇江: 江苏大学, 2018.

[32] Chen M S, Han J, Yu P S. Data mining: An overview from a database perspective. IEEE Transactions on Knowledge and Data Engineering, 1996, 8(6): 866-883.

[33] Liao T W. Clustering of time series data—a survey. Pattern Recognition, 2005, 38(11): 1857-1874.

[34] Brown M P S, Grundy W N, Lin D, et al. Knowledge-based analysis of microarray gene expression data by using support vector machines. Proceedings of The National Academy of Sciences, 2000, 97(1): 262-267.

[35] Judson R, Elloumi F, Setzer R W, et al. A comparison of machine learning algorithms for chemical toxicity classification using a simulated multi-scale data model. BMC Bioinformatics, 2008, 9(1): 241.

[36] Zhang Y, Wong Y S, Deng J, et al. Machine learning algorithms for mode-of-action classification in toxicity assessment. Biodata Mining, 2016, 9(19): 1-21.

[37] Brohée S, van Helden J. Evaluation of clustering algorithms for protein-protein interaction networks. BMC Bioinformatics, 2006, 7(488): 1-19.

[38] Romano E, Verde R. Clustering geostatistical functional data//Advanced Statistical Methods for the Analysis of Large Data-Sets. Springer, Berlin, Heidelberg, 2012: 23-31.

[39] Song J J, Lee H J, Morris J S, et al. Clustering of time-course gene expression data using functional data analysis. Computational Biology and Chemistry, 2007, 31(4): 265-274.

[40] Nomikos P, MacGregor J F. Monitoring batch processes using multiway principal component analysis. AICHE Journal, 1994, 40(8): 1361-1375.

[41] Öztürk F, Malkoc S, Ersöz M, et al. Real-time cell analysis of the cytotoxicity of the components of orthodontic acrylic materials on gingival fibroblasts. American Journal of Orthodontics and Dentofacial Orthopedics, 2011, 140(5): e243-e249.

[42] Tarpey T, Kinateder K K J. Clustering functional data. Journal of Classification, 2003, 20(1): 93-114.

[43] Coffey N, Hinde J. Analyzing time-course microarray data using functional data analysis—a review. Statistical Applications in Genetics and Molecular Biology, 2011, 10(1): 23.

[44] Ramsay J O, Hooker G, Graves S. Functional Data Analysis with R and MATLAB. USA: Springer, 2009.

[45] Ramsay J O, Silverman B W. Applied Functional Data Analysis: Methods and Case Studies. New York: Springer, 2007.

[46] Ma P, Castillo-Davis C I, Zhong W, et al. A data-driven clustering method for time course gene expression data. Nucleic Acids Research, 2006, 34(4): 1261-1269.

第5章　细胞毒性动态响应数据的可靠性分析方法

5.1　引　　言

随着现代科学技术特别是生物医学技术的快速发展，传统以动物为主的体内评价方法，因其评测周期长、耗时、费力等缺点，已很难满足有毒物质高通量筛选的需求。相对体内评价方法，体外细胞毒性试验具有方便、灵敏、迅速等优点，受到人们的重视。在限定条件下，该方法可根据药物代谢动力学模型，将体外细胞毒性检测的结果外推，并应用到体内研究中。其中，RTCA检测体系具有无标记、实时、连续检测细胞生理反应的全过程动态信息、高灵敏度以及不干扰细胞生长等优势，现已广泛应用于细胞质量控制、细胞增殖、化合物和病毒介导的细胞毒性、细胞黏附和伸展、细胞迁移和侵袭、免疫球蛋白介导的肥大细胞致敏活化及脱颗粒、受体介导的信号通路转导(GPCR, RTK)、细菌毒素介导的细胞病变的监测、心脏细胞功能和毒性监测等各个方面[1]。

RTCA检测体系在进行多孔板(E-Plate)尤其是96孔板和384孔板细胞培养时，细胞在多孔板E-Plate中的位置会影响到细胞的生长状态，特别是处于E-Plate周边以及四个角的微孔中细胞通常会表现出分布不均等现象，称为"边缘效应(edge effect)"[2]，它是影响细胞毒性试验重复性评估的重要因素，引起这种现象的主要原因在于：

(1)温度效应：E-Plate多孔板的材料为聚苯乙烯，其为不良热导体，在实验室中，将多孔板从室温(25℃左右)置于37℃恒温箱中升温时，周边孔与中心孔存在热力学梯度，会导致边缘效应。

(2)蒸发效应：在细胞的培养箱中，通常会放置一盘双蒸水以维持箱中的湿度，但位于E-Plate周边的孔，由于边缘效应，其湿度比中心孔低，水分挥发较快，从而造成周边培养基的体积小于中心孔，尤其是四个角落的孔。

为减小边缘效应，Lundholt等提出在室温下，对新种细胞进行预孵育，尽量使每个孔的细胞分布均匀，以削弱"边缘效应"，但当孵育时间超过24h时，其结果仍然会不稳定[3]。Foley等则设计了一种特殊防挥发罩(custom snap-on lids)，防止液体蒸发，抑制边缘效应，但该项技术很难移植到RTCA仪器中[4]。为提高细胞体外试验定量数据分析的重复性，Gunter等提出统计和图形化方法筛选数据，删除具有明显边缘效应的数据[5]；Chen 等则依据 RTCA 提供的细胞毒性响应曲线 TCRCs，在固定时间点分段，并以 Smirnov 检验方法判定是否发生边缘效应[6]。

此外，在 RTCA 实验中，为提高细胞毒性实验数据的可靠性，在相同的实验条件下，需做两次以上的独立测试[7-10]。这里的"独立"既指在 E-Plate 的不同微孔（well）中做独立实验（组内），也指在不同的批次中，RTCA 的实验环境相同，不同的 E-Plate 做独立实验（组间）。而如何评估 RTCA 实验的 E-Plate 组内/组间重复性（inter-/intra-E-Plate repeatability），也是细胞毒性评估中的一项重要内容[11-15]。

目前常见的数据重复性评估方法主要有：t 检验法[16]，Pearson 相关系数法[17]（Pearson correlation coefficient），组内相关系数法[18]（intraclass correlation coefficient, ICC），变异系数法[19]（coefficient of variation, CV）等方法，每种方法对应的原理也各不相同，所适合的数据类型和应用条件也不同。

t 检验法由 Gosset 提出，主要针对符合 t 分布资料的组间差异性进行比较，主要用于样本含量较小、总体标准差未知的正态分布资料，在单因素两水平设计和单组设计的均值检验上同样适合，如果将其所适用范围扩大或直接用 t 检验进行两两对比，将会降低它的效能，使得出错概率增加，也容易得出错误结论，而且 t 检验等要求数据为独立结构，这就使得重复测量数据的统计分析变得复杂。

Pearson 相关系数法一般用来衡量两个变量线性相关程度，它主要要求两组数据都是随机变量且必须满足高斯分布，各观测值之间要相互独立，绘制出的散点图要符合线性趋势。由于 RTCA 的实验数据是时间序列，所以相邻时间的数据不是独立的，是具有相关性的。这就意味着上述方法不适合 RTCA 实验的研究和讨论。

组内相关系数法是 Karl Pearson 教授[20]提出的积矩相关概念，随后由 Ronald Fisher 教授在对 Pearson 计算公式的简化基础上，将方差分析和 Pearson ICC 的估计联系起来，并更深层次地提出了基于方差成分估计的新定义[21]。随后，Bartko 开始将其用于评价信度的大小[22]。不同于 Pearson 相关系数法，ICC 法主要测量总变异情况下的被测数据的相对同质性[23]。它的公式主要表达了组间方差占总方差的比重，虽然 ICC 有多种表达形式[24]，但是每一种表达方式都有特定的适用范围，所有的 ICC 表达式都需要在规定浓度的条件下，且有着相同的测量结果差异，这在实际操作过程中较难实现，得出的结果还会受研究背景的影响[25-29]。

Jasnos 等用 CV 值来评估 RTCA 的数据重复性取得了较好的结果，而且已经将其嵌入到 RTCA 软件中去，然而 CV 值与采样时间相关，只能给出其统计分布特性，不能直观地反映 RTCA 数据的重复性[19]。

5.2　边缘效应检测与筛选方法

5.2.1　问题描述

如前所述，为提高 RTCA 实验数据定量分析的重复性与鲁棒性，在进行细胞毒性试验时，需要进行重复性实验设计，本书采用了 384 孔的 E-Plate，具体实验设计如下[30]（图 5.1(a)）：

(1) 每次测试 9 种化学物质 8 种浓度的细胞毒性反应，具体排列从 E-Plate 的第 3 列到 20 列，每 2 列测试一种化学物质；每种化学物质不同浓度的排列从 E-Plate 第 A 行到第 P 行，每 2 行测试同一种化学物质的同一种浓度，浓度值由高到低排列（E-Plate 左侧箭头所示）；因此，同种化学物质同种浓度重复四次（如 A3/A4/B3/B4）。

(2) 阴性对照组（主要包括 SDS/SLS、Assay Buffer、NC）重复 8 次（A21/A22/B21/B22/C21/C22/D21/D22 为顶部 NC，M21/M22/N21/N22/O21/O22/P21/P22 为底部 NC）。

(3) 阳性对照组分列在 E-Plate 的左右两侧，每种浓度重复 4 次。

(4) 384 孔 E-Plate 的四个角落闲置。

理想状态下，相同的培养环境，其细胞毒性响应曲线 TCRCs 应该相同。然而，由于边缘效应的存在，E-Plate 周边孔的 TCRCs 与内部 TCRCs 有很大差别，如图 5.1(b) 所示，在孔 A5/A6 中的 TCRCs 明显低于孔 B5/B6 中的 TCRCs。为了提高定性数据分析的重复性，需要剔除 A5/A6 孔中的 TCRCs。现有的 RTCA 实时细胞分析仪没有提供 TCRC 筛选工具，需要人工筛选，不但费时，而且容易误动作。因此，开发一种统计分析方法，实现对 RTCA 边缘效应 TCRC 的高通量自动筛选，是本章将要解决的问题。

5.2.2　算法原理及步骤

考虑某种化学物质某一浓度细胞毒性的重复性，假定可以得到该细胞毒性响应数据集 $\left\{N(t)=\left[N_1(t),N_2(t),\cdots,N_I(t)\right]^{\mathrm{T}}\middle|t\in\{1,2,\cdots,T\}\right\}$，这里，$t=1,2,\cdots,T$ 为暴露时间；$i=1,2,\cdots,I$ 为定量分析的重复次数。

为便于分析 RTCA 的边缘效应，以多孔板 E-Plate 内孔 TCRCs 的平均值作为标称值（代表化学物质的细胞毒性反应），即

$$\overline{N}(t)=\frac{1}{I-2}\sum_{i=1}^{I-2}N_i(t),\quad t=1,2,\cdots,T \tag{5.1}$$

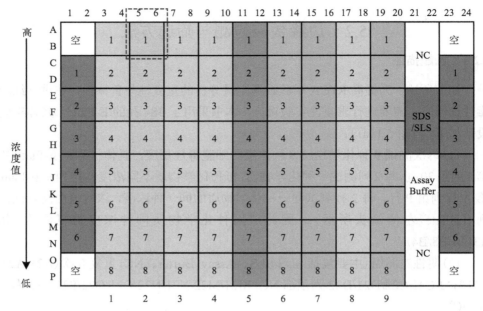

(a) RTCA多孔板的实验设计

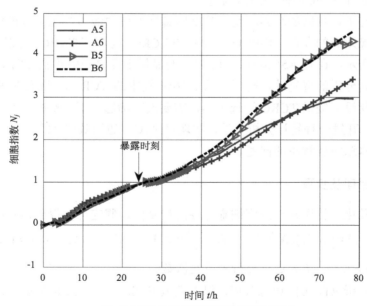

(b) 某化学物质某一浓度的四次重复性TCRCs

图 5.1 RTCA 实验设计及其边缘效应

式中，I 为重复次数，相同的培养环境，边沿孔有 2 个，因此内部孔有 $I-2$ 个。

将相同培养条件下的所有 TCRCs 作为函数型数据观测值 $N_i(t), i=1,2,\cdots,$ $I, I+1$（这里 $N_{I+1}(t) = \overline{N}(t)$），满足：

$$N_i(t) = x_i(t) + \varepsilon_i \tag{5.2}$$

式中，$x_i(t)$ 为函数型数据；$N_i(t)$ 为观测值（RTCA 中的细胞指数 CI）；ε_i 为观测数据中的随机干扰因素、误差等，一般假设满足高斯分布，即 $\varepsilon_i \in (0, \sigma^2)$。

1. B 样条基函数

实验中，所收集的是有限离散型数据，但在函数形式中，函数在其自变量范围内是无限的；此外，需进一步挖掘函数型数据隐含的信息（如求导数等）。因此，在函数型数据分析中，需要找到一个函数 $x(t)$，它能估计出在给定的定义区间上所有的值，即

$$x(t) = \sum_{k=1}^{K} c_k \phi_k(t) \tag{5.3}$$

式中，ϕ_k 为基函数；K 为基函数个数。

B 样条的概念是由 Schoenberg 在 20 世纪 40 年代提出的[31]，其基本数学表达式为

$$P_{i,n}(t) = \sum_{k=0}^{n} P_{i,k} \cdot F_{k,n}(t) \tag{5.4}$$

式中，$P_{i,k}$ 为控制顶点；$F_{k,n}(t)$ 为 B 样条基函数；$0 \leqslant t \leqslant 1$，$i = 0,1,2,\cdots,n$。

由式（5.4）可知，B 样条曲线是分段定义的，若给定 $m+n+1$ 个顶点 P_i，$i = 0,1,2,\cdots,m+n$，则可定义 $m+1$ 段 n 次的带参数曲线，即

$$F_{k,n}(t) = \frac{1}{n!} \sum_{j=0}^{n-k} (-1)^j \cdot C_{n+1}^j \cdot (t+n-k-j)^n \tag{5.5}$$

式中，$k = 0,1,2,\cdots,n$。

为进一步说明 B 样条基函数的性质，以三次 B 样条基函数为例（图 5.2），其表达式如下：

$$F_{0,3}(t) = \frac{1}{6}(-t^3 + 3t^2 - 3t + 1) \tag{5.6}$$

$$F_{1,3}(t) = \frac{1}{6}(3t^3 - 6t^2 + 4) \tag{5.7}$$

$$F_{2,3}(t) = \frac{1}{6}\left(-3t^3 + 3t^2 + 3t + 1\right) \tag{5.8}$$

$$F_{3,3}(t) = \frac{1}{6}t^3 \tag{5.9}$$

对应三次 B 样条的分段函数表示为

$$x(t) = F_{0,3}(t)\,p_i + F_{1,3}(t)\,p_{i+1} + F_{2,3}(t)\,p_{i+2} + F_{3,3}(t)\,p_{i+3} \tag{5.10}$$

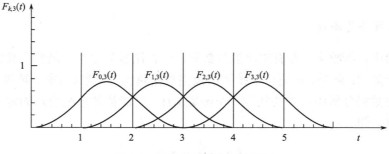

图 5.2　B 样条基函数的曲线图

用 5 个控制节点 $[0, 0.4, 1, 2, \pi]$，三次 B 样条函数拟合函数 $\sin(t), t \in [0, \pi]$ 的结果如图 5.3 所示。

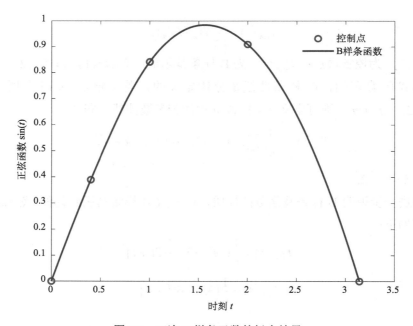

图 5.3　三次 B 样条函数的拟合结果

B 样条函数的优势在于拟合精度高，且局部修改性好，由于第 i 个 k 阶 B 样条只在区间 $[t_i, t_{i+k}]$ 内不为零，因此，其他区间内的零值不会对 B 样条函数值产生影响。

在 B 样条函数拟合中，其基函数的个数不但决定了观测数据的平滑度，还会直接影响拟合误差的大小。也就是说，基函数的个数越少，拟合函数就越平滑，与此同时其拟合误差就会越大。基函数的个数 K 的选择主要考虑三个因素。

(1) 原始数据的离散点取样点数 T；

(2) 是否需要施加约束 $K < T$ 进行平滑；

(3) 所选择的基函数对原始函数拟合的有效性。

常用 AIC 与 FIC 准则确定基函数的个数。

2. 函数型主成分分析

类似于经典主成分分析，函数型主成分分析的基本思想[32]是将数据作为一个函数来处理，这样，与经典主成分分析中的某个主成分的权重向量相对应的是 FPCA 的主成分权重函数 $\alpha(t)$，设数据集 $N_i(t)$ 已标准化，则第 i 条 TCRC 主成分得分值为

$$f_i = \int_a^b \alpha(t) N_i(t) \mathrm{d}t, \quad i = 1, 2, \cdots, I \tag{5.11}$$

式中，a, b 为定义区间；$\alpha(t)$ 为平方可积的连续函数。

第一主成分 f_i 的方差最大，即

$$\max \mathrm{Var}(f_i)$$
$$\mathrm{s.t.} \int [\alpha_1(t)]^2 \mathrm{d}t = 1 \tag{5.12}$$

类似地，第 j 个主成分：

$$\max \mathrm{Var}(f_i)$$
$$\mathrm{s.t.} \begin{cases} \int [\alpha_j(t)]^2 \mathrm{d}t = 1 \\ \int [\alpha_j(t) \alpha_1(t)] \mathrm{d}t = \cdots = \int [\alpha_j(t) \alpha_{j-1}(t)] \mathrm{d}t = 0 \end{cases} \tag{5.13}$$

可以证明权重函数 $\alpha(t)$ 满足以下特征方程：

$$\int v(s, t) \alpha(t) \mathrm{d}t = \lambda \alpha(s) \tag{5.14}$$

式中，$v(s, t)$ 是样本 $N(s)$ 与 $N(t)$ 的协方差函数

$$v(s,t) = \frac{1}{T-1}\sum_{i=1}^{T} N_i(s)N_i(t) \tag{5.15}$$

令 $V\alpha(s) = \int v(s,t)\alpha(t)\mathrm{d}t$，公式 (5.14) 可表示为

$$V\alpha(s) = \lambda\alpha(s) \tag{5.16}$$

式中，λ 是特征方程 (5.14) 的特征值；$\alpha(s)$ 为特征向量。

考虑到积分运算的难度，问题的求解可以通过对函数离散化或对函数进行基函数展开来实现，也可以采用一般的数值积分方法。本书采用基函数展开的方式来求解上述公式，函数 $N_i(t)$ 可以基函数展开为

$$N_i(t) = \sum_{k=1}^{K} c_{ik}\phi_k(t) \tag{5.17}$$

式中，$\phi_k(t)$ 是正交 B 样条基函数；K 为基函数个数；c_{ik} 为展开系数。

公式 (5.17) 用矩阵形式表示为

$$\boldsymbol{X} = \underset{N\times K}{\boldsymbol{C}}\,\boldsymbol{\phi} \tag{5.18}$$

式中，$\boldsymbol{C}$ 是 $N\times K$ 阶矩阵；$\boldsymbol{X} = \left(N_1(t), N_2(t), \cdots, N_T(t)\right)^{\mathrm{T}}$；$\boldsymbol{\phi} = \left(\phi_1(t), \phi_2(t), \cdots, \phi_K(t)\right)^{\mathrm{T}}$。

则协方差函数 $v(s,t) = \frac{1}{N-1}\boldsymbol{\phi}(t)^{\mathrm{T}}\boldsymbol{C}^{\mathrm{T}}\boldsymbol{C}\boldsymbol{\phi}(s)$，定义 K 阶对称矩阵为 $\boldsymbol{W} = \int\boldsymbol{\phi}\boldsymbol{\phi}^{\mathrm{T}}$，$\boldsymbol{W} = \boldsymbol{I}$，可以看出 $\boldsymbol{W}$ 是个 K 阶单位阵。

同样地，主成分权函数 $\alpha(t)$ 由基函数 $\phi_k(t)$ 展开为

$$\alpha(t) = \sum_{k=1}^{K} b_k\phi_k(t) \tag{5.19}$$

方程由列向量表示为 $\alpha(s) = \boldsymbol{\phi}(t)^{\mathrm{T}}\boldsymbol{b}$，其中 $\boldsymbol{b} = (b_1, b_2, \cdots, b_K)^{\mathrm{T}}$，则有

$$\int v(s,t)\alpha(t)\mathrm{d}t = \int\frac{1}{T-1}\boldsymbol{\phi}(t)^{\mathrm{T}}\boldsymbol{C}^{\mathrm{T}}\boldsymbol{C}\boldsymbol{\phi}(s)\boldsymbol{\phi}(s)^{\mathrm{T}}\boldsymbol{b}\mathrm{d}t = \boldsymbol{\phi}(t)^{\mathrm{T}}\frac{1}{T-1}\boldsymbol{C}^{\mathrm{T}}\boldsymbol{C}\boldsymbol{W}\boldsymbol{b} \tag{5.20}$$

$$\boldsymbol{\phi}(t)^{\mathrm{T}}\frac{1}{T-1}\boldsymbol{C}^{\mathrm{T}}\boldsymbol{C}\boldsymbol{W}\boldsymbol{b} = \rho\alpha(t) = \rho\boldsymbol{\phi}(t)^{\mathrm{T}}\boldsymbol{b} \tag{5.21}$$

$$\frac{1}{T-1}\boldsymbol{C}^{\mathrm{T}}\boldsymbol{C}\boldsymbol{W}\boldsymbol{b} = \rho\boldsymbol{b} \tag{5.22}$$

则约束条件 $\int_a^b \alpha_j^2(t)\mathrm{d}t = 1$ 可表示为 $\int\boldsymbol{b}^{\mathrm{T}}\boldsymbol{\phi}(t)\boldsymbol{\phi}(t)^{\mathrm{T}}\boldsymbol{b}\mathrm{d}t = \boldsymbol{b}^{\mathrm{T}}\boldsymbol{W}\boldsymbol{b} = 1$。

定义 $\boldsymbol{u} = \boldsymbol{W}^{\frac{1}{2}}\boldsymbol{b}$，则 $\boldsymbol{b} = \boldsymbol{W}^{-\frac{1}{2}}\boldsymbol{u}$。协方差函数的特征分析问题可转化为如下矩阵

方程的求解问题：

$$\frac{1}{T-1}W^{\frac{1}{2}}C^{T}CW^{\frac{1}{2}}u = \rho u \tag{5.23}$$

在 u 值求出以后，代入公式 $b = W^{-\frac{1}{2}}u$ 可求出 b 值，再将 b 值代入公式 (5.19) 求出 $\alpha(t)$。根据公式 (5.11) 可最终求得主成分得分 f_j。

3. E-Plate 边缘效应检测算法

在本书中，根据主成分贡献率大小选择第一和第二主成分得分函数形成二维坐标系，第一主成分得分设为横坐标，第二主成分得分设为纵坐标[30]。所有待测孔的 TCRCs 和内孔 TCRC 的标称值作为观测曲线。

将 TCRC 标称值的前两个主成分得分函数的坐标点设为圆心 $O\left(f_{I+1,1}, f_{I+1,2}\right)$，其中 $f_{I+1,1}$ 是标准曲线的第一主成分得分，$f_{I+1,2}$ 是标准曲线的第二主成分得分。将内孔得分点与圆心 O 之间的最长距离看作圆的半径 R，即

$$R = \max\left\{\left[\left(f_{i1} - f_{I+1,1}\right)^2 + \left(f_{i2} - f_{I+1,2}\right)^2\right]^{\frac{1}{2}}\right\}, \quad i = 1, 2, \cdots, I \tag{5.24}$$

这样，就可以定义一个圆心为 O、半径为 R 的圆。标称曲线外的 TCRC 曲线上的得分点与圆心 O 之间的距离为

$$d_n = \left[\left(f_{I-n,1} - f_{I+1,1}\right)^2 + \left(f_{I-n,2} - f_{I+1,2}\right)^2\right]^{\frac{1}{2}} \tag{5.25}$$

由于一次实验中总有 2 个边沿孔的 TCRC 曲线，所以此处，$n = 1,2$。则边缘效应检测判别准则如下：

$$\begin{cases} 相应NCI曲线可作进一步分析, & d_n \leqslant R \\ 相应NCI曲线应自动剔除, & d_n > R \end{cases} \tag{5.26}$$

利用 FPCA 实现 E-Plate 边缘效应检测伪代码如表 5.1 所示。

表 5.1　基于 FPCA 的 E-Plate 边缘效应检测伪代码

边缘效应检测伪代码
1　　设 $I = 4$，$i = 1$，$j = 1$，$n = 1$
2　　对于有毒物质的 TCRCs，输入为 $N_i(t)$，$i = 1, 2, \cdots, I$
3　　根据式 (5.1) 计算 $\overline{N}(t)$，令 $N_{I+1} = \overline{N}(t)$，则有输入 $N_i(t)$，$i = 1, 2, \cdots, I, I+1$
4　　Do
5　　根据式 (5.13) 计算 f_j

6	While $(i \leqslant 4, j \leqslant 2)$

边缘效应检测伪代码	
7	Do
8	根据公式(5.24)计算 R
9	根据公式(5.25)计算 d_n
10	根据公式(5.26)判定相应 TCRCs 是否有 E-Plate 边缘效应，是否需要自动剔除
11	While $(i \leqslant 2, n \leqslant 2)$
12	结束

5.2.3　算法验证及结果

为验证本书算法的性能，以实时细胞分析仪 RTCA 的四组重复性数据为例，即一组化学物质的细胞毒性数据（A7/A8/B7/B8），一组阳性对照组数据（C1/D1/C2/D2），以及两组阴性对照组数据（A21/A22/B21/B22/C21/C22/D21/D22，P21/P22/O21/O22 /N21/N22/M21/M22），进行算法分析。这四组数据的 TCRCs 如图 5.4 所示。

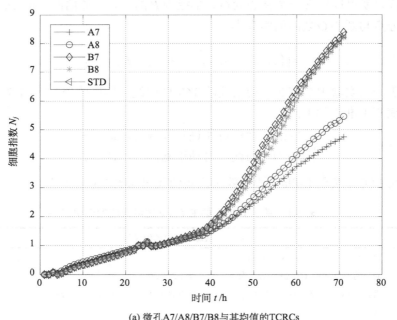

(a) 微孔A7/A8/B7/B8与其均值的TCRCs

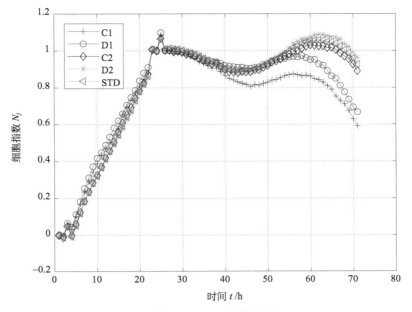

(b) 微孔C1/D1/C2/D2与其均值的TCRCs

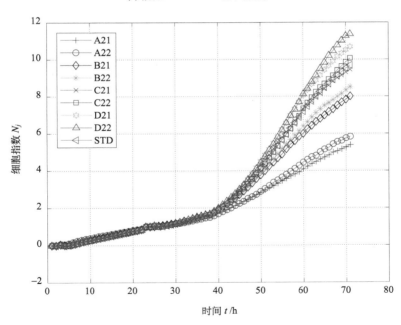

(c) 顶部阴性对照组与其均值的TCRCs

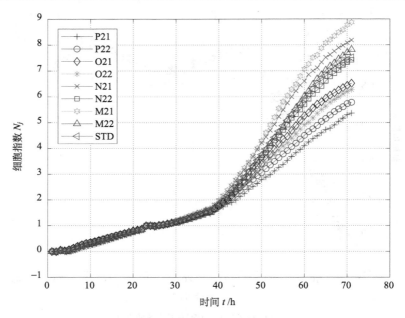

(d) 底部阴性对照组与其均值的TCRCs

图 5.4　四组重复性细胞毒性数据

首先，考察 B 样条基函数拟合能力，本书以原始数据作为控制点分别取 4~7 个基函数对图 5.4(a) 中 A7 的 TCRCs 原始数据进行拟合，效果如图 5.5 所示。

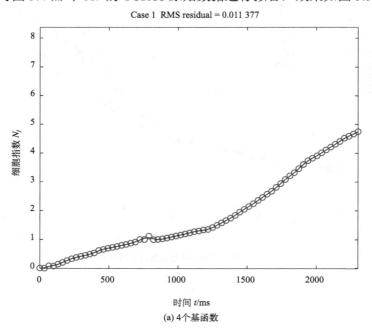

(a) 4个基函数

Case 2 RMS residual = 0.014 317

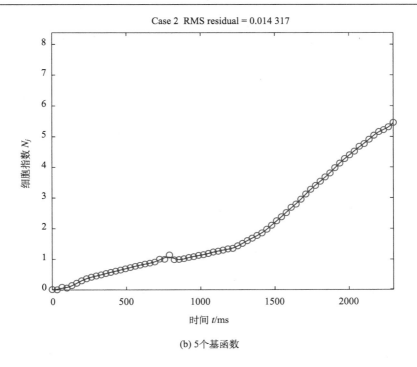

(b) 5个基函数

Case 3 RMS residual = 0.016 056

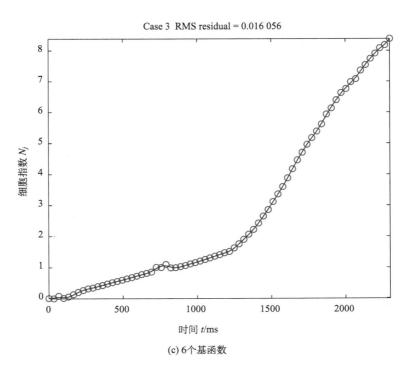

(c) 6个基函数

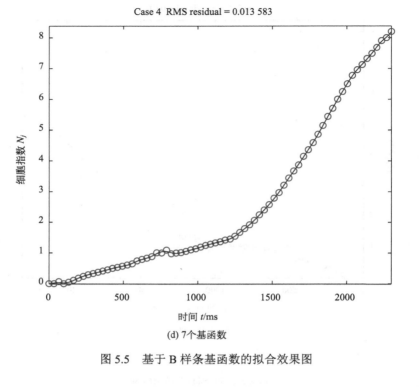

(d) 7个基函数

图 5.5　基于 B 样条基函数的拟合效果图

　　由图可知，本书选择 6 个基函数，其拟合精度（RMS=0.016 056）满足要求。在此基础上，求出协方差矩阵特征值与相应的贡献率，并算出主成分，其结果如图 5.6 所示，用两个主成分，即可解释图 5.4（a）中 TCRCs 的 100%。因此，本书采用第一主成分与第二主成分形成二维坐标系，判别 RTCA 是否发生边缘效应，结果如图 5.7 所示。

　　图 5.7 中，第一组中 A7 和 A8 孔的 TCRCs 得分点完全落在标准圆之外，这意味着边缘效应很明显，因此，在进行细胞毒性定性分析时，A7 和 A8 孔内的 TCRC 数据需放弃。同样地，第二组中与 C1 和 D1 孔相应的 TCRCs 需被剔除。第三和第四组为阴性对照组（分别有 8 条 TCRC 曲线），第三组中 A21、A22 孔，第四组中 P21、P22 孔都落在圆外，具有边缘效应，也应被剔除。

　　为验证边缘效应检测算法的准确性和有效性，对以上实验分析结果采用变异系数 CV 值做误差分析，以式（5.1）内孔的均值 $\bar{N}(t)$ 为标准，计算所有重复的 TCRC 曲线与 $\bar{N}(t)$ 离散程度：

$$\mathrm{CV} = \frac{\left| N(t) - \bar{N}(t) \right|}{\bar{N}(t)} \times 100\% \tag{5.27}$$

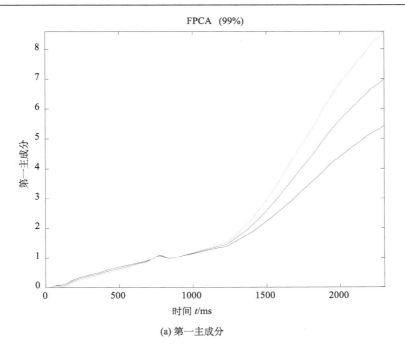

(a) 第一主成分

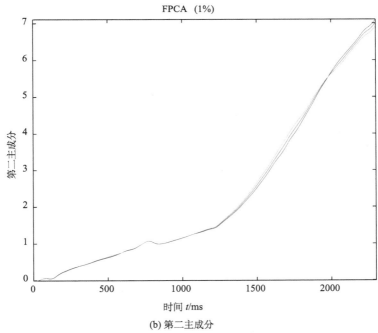

(b) 第二主成分

图 5.6　两个主成分对应的效果图

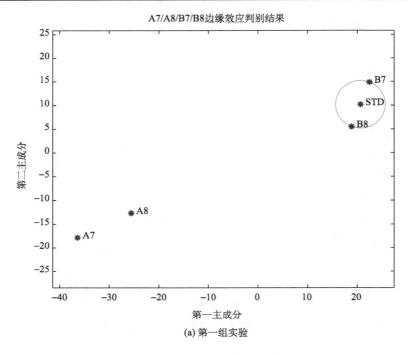

(a) 第一组实验

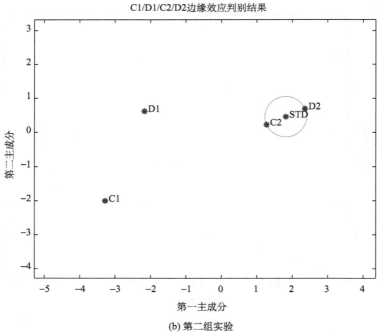

(b) 第二组实验

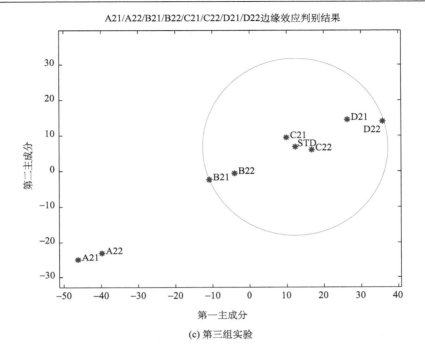

(c) 第三组实验

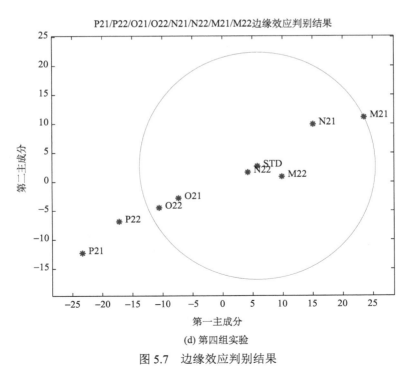

(d) 第四组实验

图 5.7　边缘效应判别结果

式 (5.27) 的计算结果如图 5.8 所示，其相应的盒形图如图 5.9 所示。

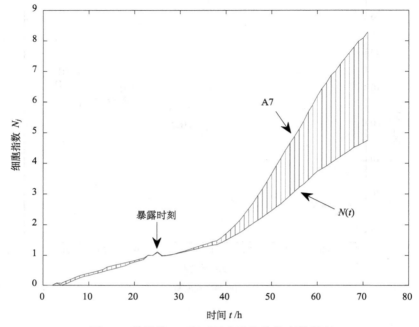

图 5.8 边沿孔 A7 相对于内孔均值的离散程度

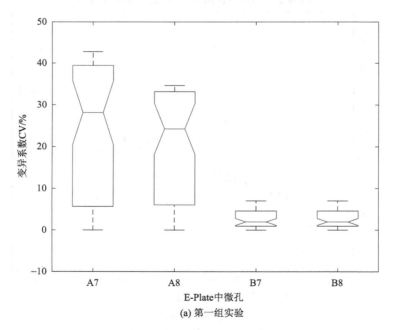

(a) 第一组实验

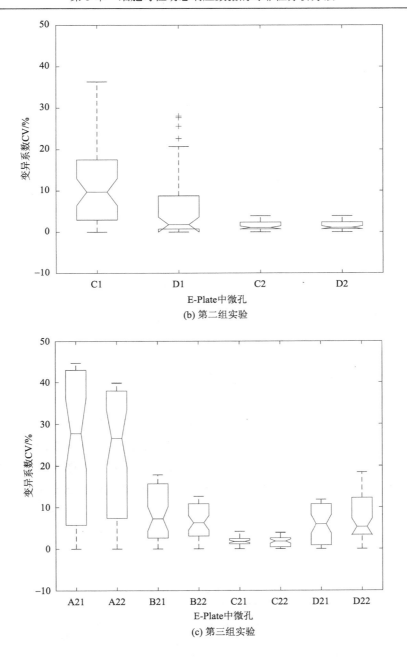

(b) 第二组实验

(c) 第三组实验

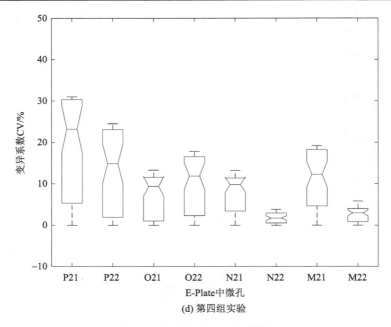

(d) 第四组实验

图 5.9   边缘效应 CV 分析结果

由图 5.9 可以看出，第一组中 B7 和 B8 孔的变异系数平均值不到 4%，在可接受范围之内，而 A7 和 A8 孔的变异系数则超过 25%，实验数据不可靠，这也与之前的主成分分析结果相吻合，即 A7 和 A8 孔具有边缘效应。类似地，第二组中的 C2 和 D2 孔，第三组中的 B21、B22、C21、C22、D21 和 D22 孔以及第四组中的 O21、O22、N21、N22、M21 和 M22 孔的变异系数值都在可接受范围之内，实验数据可以用作下一步的数据分析。而各组剩余孔的变异系数值明显超出 20%，说明实验数据离散度较高，不具稳定性，需要被剔除。由 CV 与主成分分析结果相比较可看出，本书所提出的算法是正确且可靠的。

本次 RTCA 实验的所有边缘效应的判别结果如表 5.2 所示。

表 5.2   实验结果

R	边沿孔	d_n	边缘效应	R	边沿孔	d_n	边缘效应
4.4293	A5	50.6905	是	6.2776	A9	50.6929	是
	A6	31.3437	是		A10	57.2229	是
5.0187	A7	63.5795	是	6.8828	A11	60.1084	是
	A8	51.5871	是		A12	70.4587	是

R	边沿孔	d_n	边缘效应	R	边沿孔	d_n	边缘效应
1.7562	A13	86.9844	是	19.6207	P21	32.7707	是
	A14	50.1500	是		P22	24.9190	是
3.0987	A15	49.0471	是	0.5923	C1	5.6613	是
	A16	54.0461	是		D1	3.9936	是
15.0190	A17	58.7335	是	1.0009	E1	3.3097	是
	A18	62.7252	是		F1	3.5452	是
5.6095	A19	5.0058	否	2.5435	G1	6.8915	是
	A20	2.4351	否		H1	6.7046	是
24.8996	A21	66.5546	是	1.0670	I1	4.4246	是
	A22	60.0153	是		J1	4.4923	是
3.0864	P3	48.5417	是	5.6002	K1	13.7523	是
	P4	39.4660	是		L1	14.4916	是
1.6751	P5	39.4456	是	1.9914	M1	9.1931	是
	P6	49.1228	是		N1	10.5763	是
7.9089	P7	42.2733	是	0.6618	C24	3.8322	是
	P8	28.2572	是		D24	6.5149	是
6.5294	P11	42.6473	是	0.3292	E24	8.3790	是
	P12	23.8016	是		F24	6.0060	是
7.3896	P13	27.6312	是	3.0060	G24	3.1058	是
	P14	13.5954	是		H24	3.4839	是
11.3909	P15	12.3799	是	1.9040	I24	5.7636	是
	P16	7.1522	否		J24	3.0131	是
1.8048	P17	31.8303	是	1.2192	K24	8.0296	是
	P18	34.8924	是		L24	11.3238	是
12.4996	P19	39.2628	是	1.2923	M24	6.4733	是
	P20	35.7205	是		N24	10.5791	是

　　由表 5.2 可知，在本次 RTCA 实验中，仅 A19、A20、P16 没有发生边缘效应，其原始的 TCRCs 如图 5.10 所示。

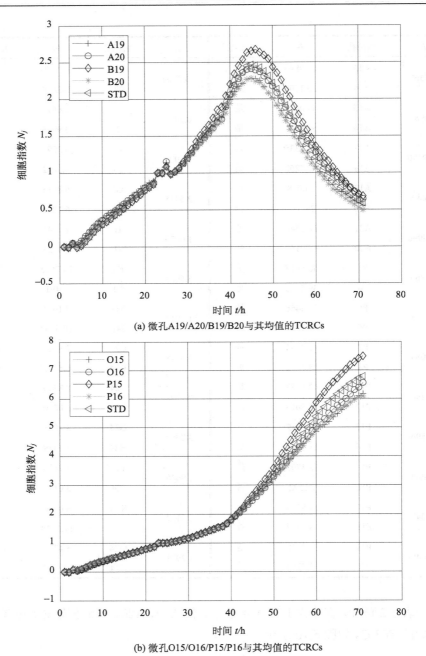

(a) 微孔A19/A20/B19/B20与其均值的TCRCs

(b) 微孔O15/O16/P15/P16与其均值的TCRCs

图 5.10　无边缘效应的重复性细胞毒性数据

5.3　RTCA 实验数据重复性评估方法

5.3.1　算法原理及步骤

以阴性对照组(negative control, NC)细胞毒性 TCRCs 数据为例进行 RTCA 细胞毒性实验重复性评估[33-36]。如图 5.11 所示,在同一 E-Plate 中(相同的实验条件),随着暴露时间的增加,各个微孔中 TCRC 也有明显的差异,图 5.11(c) 显示了在整个暴露时间内,阴性对照组的方差变异系数(CV)分布,尽管该分布图也可以反映 RTCA 实验的重复性,但不直观。为了有效地评估这些差异,本书提出一种新的 Inter-/intra-E-Plate 重复度指标 RI[37,38]。

设重复 TCRCs 数据集为 $\left\{\left\{N[i][t]\right\}_{t=1}^{T}\right\}_{i=1}^{I}$, 这里, $t=1,2,\cdots,T$ 为暴露时间; $i=1,2,\cdots,I$ 为重复次数,该数据集用矩阵描述为

$$
\begin{bmatrix}
N_c[1][1] & N_c[1][2] & \cdots & N_c[1][t] & \cdots & N_c[1][T] \\
N_c[2][1] & N_c[2][2] & \cdots & N_c[2][t] & \cdots & N_c[2][T] \\
\vdots & \vdots & & \vdots & & \vdots \\
N_c[i][1] & N_c[i][2] & \cdots & N_c[i][t] & \cdots & N_c[i][T] \\
\vdots & \vdots & & \vdots & & \vdots \\
N_c[I][1] & N_c[I][2] & \cdots & N_c[I][t] & \cdots & N_c[I][T]
\end{bmatrix}
\tag{5.28}
$$

分别计算矩阵(5.28)的行与列的均值:

$$
\begin{cases}
\bar{N}_{R,i} = \dfrac{1}{T}\sum_{t=1}^{T} N_c[i][t], & i=1,2,\cdots,I \\[2mm]
\bar{N}_{C,t} = \dfrac{1}{I}\sum_{i=1}^{I} N_c[i][t], & t=1,2,\cdots,T
\end{cases}
\tag{5.29}
$$

式中, $\bar{N}_{R,i}$ 与 $\bar{N}_{C,t}$ 分别为各行和各列的平均值。则各个采样时刻, TCRCs 数据的方差(BMS[①])可定义为

$$
\mathrm{BMS} = \frac{1}{(I-1)T}\sum_{i=1}^{I}\sum_{t=1}^{T} \frac{\left(N_c[i][t]-\bar{N}_{C,t}\right)^2}{\bar{N}_{C,t}}
\tag{5.30}
$$

类似地, 各个重复实验的方差(WMS[②])可定义为

---

① BMS: Mean square error of TCRCs' values between the groups (x-axis)。

② WMS: Mean square error of TCRCs' values with the groups (y-axis)。

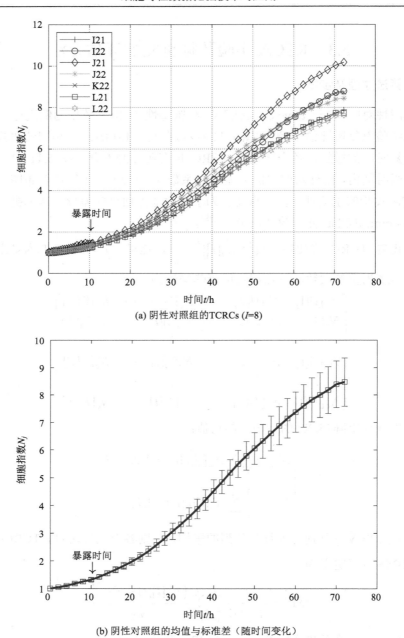

(a) 阴性对照组的TCRCs (I=8)

(b) 阴性对照组的均值与标准差（随时间变化）

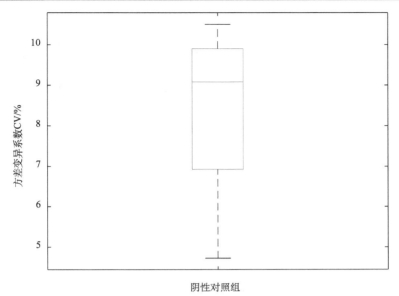

(c) 阴性对照组方差分布图

图 5.11　阴性对照组 TCRCs 及其方差随暴露时间变化图

$$\text{WMS} = \frac{1}{(T-1)I} \sum_{t=1}^{T} \sum_{i=1}^{I} \left(N_c[i][t] - \bar{N}_{R,i} \right)^2 \tag{5.31}$$

根据 BMS 与 WMS 之间的关系，定义实验重复度指标 RI：

$$\text{RI} = \frac{\text{BMS}}{\text{BMS} + \text{WMS}} \tag{5.32}$$

由重复度指标式(5.32)可知：

(1)若所有的 TCRCs 完全一致，亦即各个采样时刻的 TCRCs 数据方差为零，WMS $= 0$，则 RI $= 1$。这是一种最理想的状态。

(2)在同一采样时刻下，若重复 TCRCs 数据差异逐渐增大，则 WMS 将会变大，从而导致 RI 数值变小，如图 5.12 所示。

RI 的取值范围在 $[0,1]$ 之间，RI 值越接近于 1，表明各 TCRCs 越接近，则 RTCA 实验中 TCRCs 数据重复度就越高，反之亦然。

如式(5.32)所示，本书所提出来的 RI 与 ICC 公式类似，但有本质的区别。文献[18]中的 ICC 指标为

$$\text{ICC} = \frac{\sigma_b^2}{\sigma_b^2 + \sigma_w^2} \tag{5.33}$$

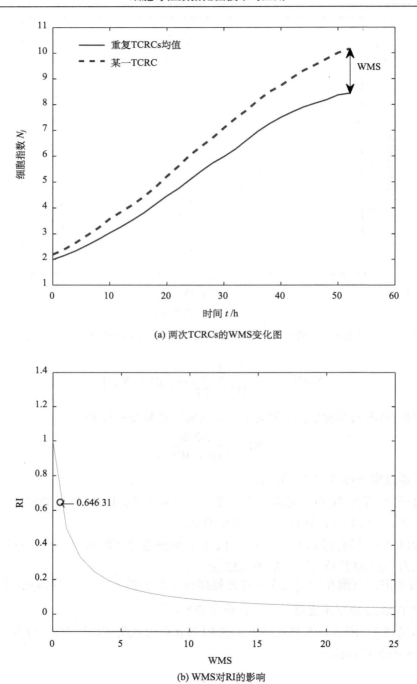

(a) 两次TCRCs的WMS变化图

(b) WMS对RI的影响

图 5.12 阴性对照组两次 TCRCs 重复 WMS 与 RI 关系图

式中，σ_b^2，σ_w^2 分别为组间方差与组内方差。相当于个体变异度除以总的变异度，故其值介于 0～1 之间。

由此可见，RI 与 ICC 方法的主要差别在于"组间方差"的计算。为此，令

$$\begin{cases} s_t^2 = \left(N_c[i][t] - \bar{N}_{C,t} \right)^2, & t = 1, 2, \cdots, T \\ \mu_t = \bar{N}_{C,t} \end{cases} \tag{5.34}$$

由式 (5.34)，可将式 (5.30) 的 BMS 表达式改写为

$$\begin{aligned} \text{BMS} &= \frac{1}{(I-1)T} \sum_{i=1}^{I} \left(\frac{s_1^2}{\mu_1} + \frac{s_2^2}{\mu_2} + \cdots + \frac{s_T^2}{\mu_T} \right) \\ &= \frac{1}{(I-1)T} \sum_{i=1}^{I} \left[s_1^2, s_2^2, \cdots, s_T^2 \right] \left[\frac{1}{\mu_1}, \frac{1}{\mu_2}, \cdots, \frac{1}{\mu_T} \right]^{\mathrm{T}} \end{aligned} \tag{5.35}$$

若 TCRCs 数据是独立同分布的，亦即 $\mu_1 = \mu_2 = \cdots = \mu_T$，则 BMS 为所有采样时刻方差的均值，此时，RI 与 ICC 一致。然而，如前所述，细胞毒性动态响应曲线 TCRC 是典型的时间序列，TCRC 在各采样时刻方差不一样，因此，与 ICC 公式相比较，RI 将 $\left[\frac{1}{\mu_1}, \frac{1}{\mu_2}, \cdots, \frac{1}{\mu_T} \right]$ 作为折扣因子，融入 BMS 计算中，因而更加合理。

5.3.2　算法验证及结果

为验证 RI 算法有效性，本章选取 H_2O 和 $DMSO$[①]这两种阴性对照组，以 6 种细胞株 (HepG2、Beas2B、ACHN、ARPE-19、H4、NIH3T3) 的 4 次 E-Plate 的 TCRCs 数据进行 RTCA 实验数据重复性验证，E-Plate 组内 (intra-E-plate repeatability) 结果如图 5.13 所示。

由图 5.13 可以看出，每一种细胞株在不同的 E-Plate (实验条件相同，但在不同批次) 中，重复性也有差异，主要原因在于在不同批次的 RTCA 实验中，其细胞的状态与其活力可能会有差异。在这 6 种细胞株中，NIH3T3 细胞株的重复性最好，而在这两组阴性对照组中，H_2O 的重复性要好于 DMSO。

为了进一步说明 RI 可以准确地反映 RTCA 的重复性，以传统的变异系数 CV 分布图进行对比 (图 5.14)，可以发现，若 CV 的箱式图 (主要由最大值、上四分位、中位数、下四分位组成) 过大，则 RI 值就会变小，而实际的 TCRCs 数据离散程度也越大；反之亦然。因此，RI 值能够直观地度量 RTCA 实验的重复度 (定量分析)。

---

① DMSO: dimethyl sulfoxide (二甲基亚砜)，一种细胞冻存保护剂。

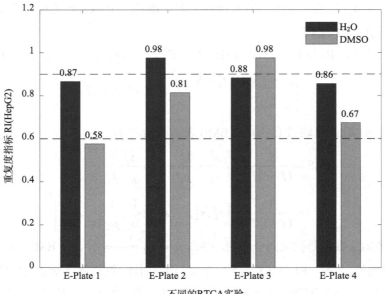

(a) HepG2细胞株

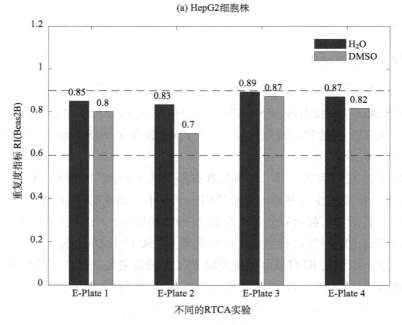

(b) Beas2B细胞株

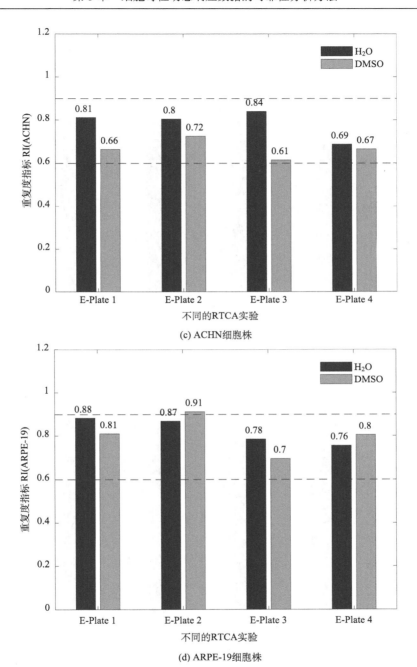

(c) ACHN细胞株

(d) ARPE-19细胞株

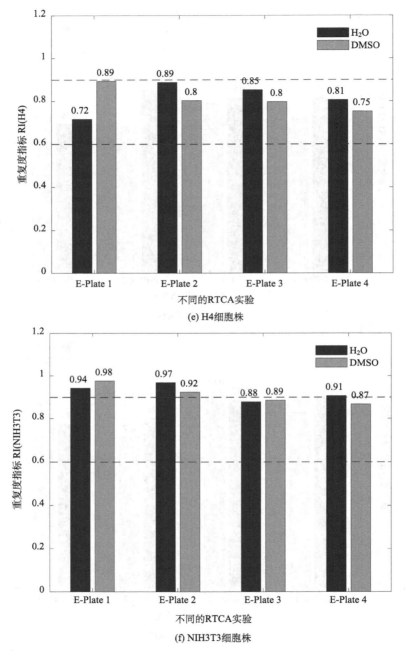

(e) H4细胞株

(f) NIH3T3细胞株

图 5.13 6 种细胞株的 intra-E-Plate 重复性评估

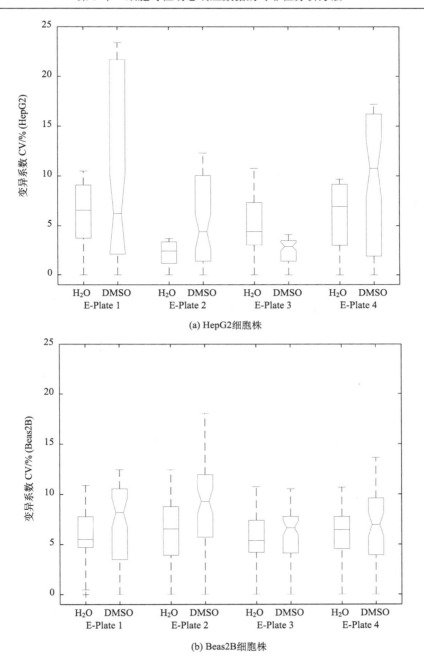

(a) HepG2细胞株

(b) Beas2B细胞株

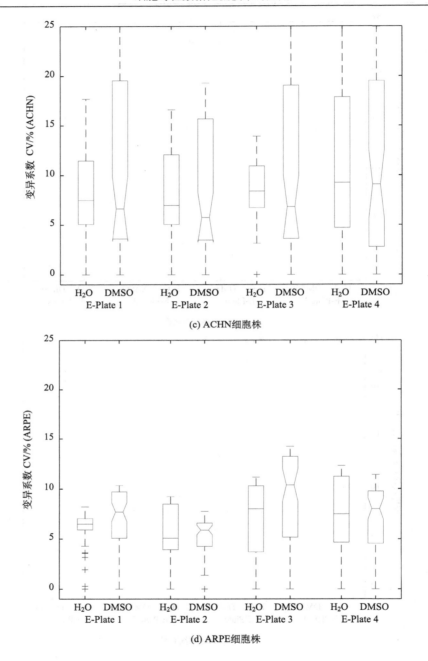

(c) ACHN细胞株

(d) ARPE细胞株

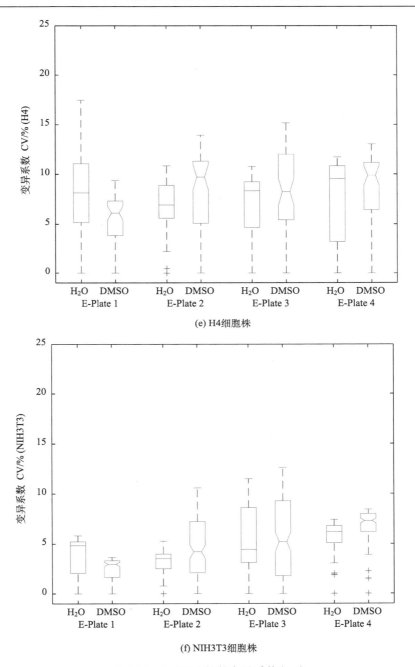

(e) H4细胞株

(f) NIH3T3细胞株

图 5.14　6 种细胞株的变异系数(CV)

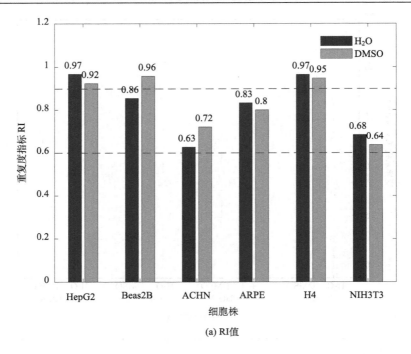

(a) RI值

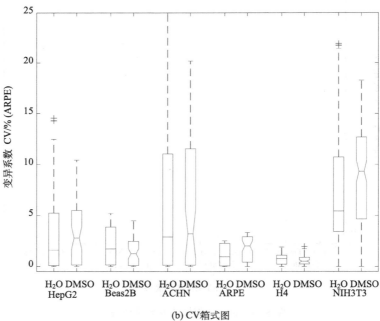

(b) CV箱式图

图 5.15　6 种细胞株的组间重复度评估

基于此，为了便于定量分析 RTCA 实验的重复性，定义重复度标准：

(1) 如果 $RI \geqslant 0.9$，TCRCs 数据有高度的相似性；

(2) 如果 $RI \leqslant 0.6$，TCRCs 数据离散度大，RTCA 实验不合格；

(3) 如果 $RI \in (0.6, 0.9)$，由相关实验操作员依据经验决定 RTCA 实验是否合格。

当然，RI 值也可以用作 E-Plate 组间 (inter-E-plate repeatability) 的重复性评估，同样以这 6 种细胞株 4 组 E-Plate 的阴性对照组 (H_2O 与 DMSO) 为例，在每一个 E-Plate 中，以 8 组 TCRCs 的均值代表这个 E-Plate 的 TCRC，结果如图 5.15 所示，由图可知 ACHN 与 NIH3T3 细胞株的 E-Plate 组间重复性较差，这与 CV 箱式分布图完全一致。

5.4　RTCA 重复性实验数据使用方法

5.4.1　问题描述

如前所述，为提高 RTCA 实验数据定量分析的重复性与鲁棒性，在进行化学物质的细胞毒性实验时，需要进行重复性实验设计。如图 5.16 所示，在同一 E-Plate 中，常用四个微孔，测试某一化学物质的同一浓度的细胞毒性。理想状态下，相同的操作条件与培养环境，四个 TCRCs 应该一致，因此，可将重复 TCRCs 的平均值作为检测数据，用于细胞毒性评估。但是，受到实验员操作模式与条件限制，四个微孔的 TCRCs 都不尽相同 (如图 5.16 所示)。

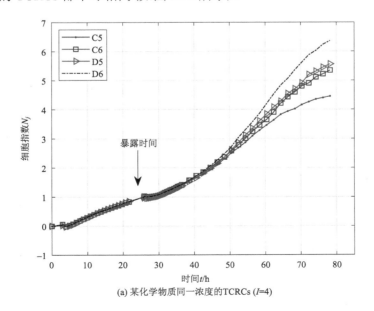

(a) 某化学物质同一浓度的TCRCs (*I*=4)

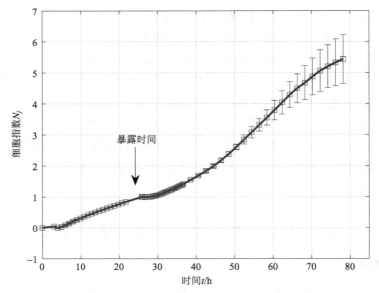

(b) 某化学物质同一浓度TCRCs的均值与标准差 (随时间变化)

图 5.16　某化学物质同一浓度的 TCRCs 及其方差随暴露时间变化图

　　如第 3 章所述,为了评估受试物的细胞毒性大小,将不同浓度 $N_{j,r}(t)$ 的 TCRC 与阴性对照组 TCRC 进行比较,计算得到该化学物质的细胞毒性指数 $\mathrm{TI}(t)_{j,r}$：

$$\mathrm{TI}(t)_{j,r} = \begin{cases} \left(\dfrac{N_{j,r}(t) - N_{j,r}(0)}{N_c(t) - N_c(0)} \right) \times 100 , & N_{j,r}(t) \geqslant N_c(0) \\[4mm] \left(\dfrac{N_{j,r}(t) - N_{j,r}(0)}{N_c(0)} \right) \times 100 , & N_{j,r}(t) < N_c(0) \end{cases} \tag{5.36}$$

其中, $N_{j,r}(t)$ 为 TCRCs 数据, $j \in \{1,2,\cdots,8\}$ 为所选测试浓度的序号, $r \in \{1,2,3,4\}$ 为重复实验的序号, $t = 1,2,\cdots,72$ 为采样序列; $N_c(t)$ 为阴性对照组 TCRC 数据; $\mathrm{TI}(t)_{j,r}$ 表示细胞毒性指数, $\mathrm{TI}(t)_{j,r} \geqslant 0$ 表示细胞生长抑制, $\mathrm{TI}(t)_{j,r} < 0$ 表示细胞死亡。

　　以细胞株 H4 暴露于 8 种浓度的嘧菌酯(azoxystrobin)细胞毒性实验为例,基于式(5.36),可得各采样时刻的"剂量-反应"。图 5.17 为细胞株 H4 暴露在嘧菌酯 24 h 的"剂量-反应",四次重复实验,得到四组细胞毒性指数,尽管嘧菌酯的细胞毒性指数趋势总体一致,但每种浓度的细胞毒性指数值存在差异。

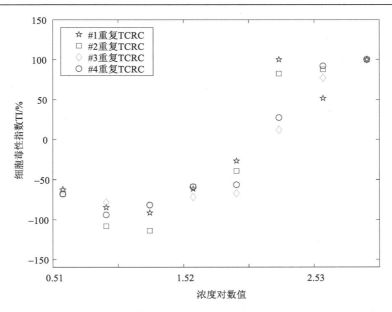

图 5.17　嘧菌酯的 H4 "剂量-反应"（暴露 24 h）

使用第 3 章的四参数"剂量-反应"模型（式（3.2））

$$\mathrm{TI}(t)_{j,r} = p_{1,r}(t) + \frac{p_{2,r}(t) - p_{1,r}(t)}{1 + \exp\left(-\dfrac{\lg(c_{\mathrm{e},j}) - p_{3,r}(t)}{p_{4,r}(t)}\right)} \tag{5.37}$$

会得到不同的评估结果。均值法（$\overline{\mathrm{TI}}(t)_j = \dfrac{1}{4}\sum\limits_{r=1}^{4}\mathrm{TI}(t)_{j,r}$）得到的细胞毒性指数也易受到异常值的影响，无法实现化学物质的细胞毒性一致性评估。

5.4.2　算法原理

为了提升 RTCA 细胞毒性重复实验数据的科学性，应采用优化算法计算式（5.37）四个参数的最佳值 $\{\hat{p}_1(t),\hat{p}_2(t),\hat{p}_3(t),\hat{p}_4(t)\}$，最大限度地减少计算 $\mathrm{TI}(t)_{j,r}$ 和估计 $\widehat{\mathrm{TI}}(t)_{j,r}$ 之间的差异。因此，带约束的非线性优化问题可定义为

$$\{\hat{p}_1(t),\hat{p}_2(t),\hat{p}_3(t),\hat{p}_4(t)\} = \mathop{\arg\min}\limits_{\{\hat{p}_1(t),\hat{p}_2(t),\hat{p}_3(t),\hat{p}_4(t)\}} \frac{1}{2}\sum_{j=1}^{8}\sum_{r=1}^{4}\frac{1}{w_{j,r}}\left(\mathrm{TI}(t)_{j,r} - \widehat{\mathrm{TI}}(t)_j\right)^2$$

$$\mathrm{s.t.}\quad \begin{cases} \hat{p}_2(t) > \hat{p}_1(t) \\ \hat{p}_4(t) > 0 \end{cases} \tag{5.38}$$

式中，$\hat{p}_1(t)$，$\hat{p}_2(t)$，$\hat{p}_3(t)$，$\hat{p}_4(t)$ 分别表示"剂量-反应"曲线的下渐近线、上渐近线、拐点和斜率。

$w_{j,r}$ 是第 r 次重复实验的折扣因子，可定义为

$$w_{j,r} = \frac{\left\| \mathrm{TI}(t)_{j,r} - \overline{\mathrm{TI}(t)_j} \right\|}{\sum\limits_{r=1}^{4} \left\| \mathrm{TI}(t)_{j,r} - \overline{\mathrm{TI}(t)_j} \right\|} \tag{5.39}$$

式中，$\mathrm{TI}(t)_{j,r}$ 是由式 (5.36) 计算得到的细胞毒性指数，$\overline{\mathrm{TI}(t)_j} = \frac{1}{4}\sum\limits_{r=1}^{4}\mathrm{TI}(t)_{j,r}$。

$\widehat{\mathrm{TI}}(t)_{j,r}$ 为估计值，可由下式计算：

$$\widehat{\mathrm{TI}}(t)_j = \hat{p}_1(t) + \frac{\hat{p}_2(t) - \hat{p}_1(t)}{1 + \exp\left(-\dfrac{\lg(c_{e,j}) - \hat{p}_3(t)}{\hat{p}_4(t)}\right)} \tag{5.40}$$

利用非线性规划函数"fmincon"，求解优化问题 (5.38)，即可获得四参数"剂量-反应"模型的参数最佳值。

这样，再使用式 (5.40) 计算得到化学物质相应的细胞毒性指数（如：半数致死浓度 LC_{50}，半抑制浓度 GI_{50}，以及总生长抑制浓度 TGI 等）：

$$\widehat{\mathrm{TI}}(t) = 10^{\left\{\left[-\ln\left(\frac{\hat{p}_2(t)-\hat{p}_1(t)}{\eta - \hat{p}_1(t)}-1\right)\times \hat{p}_4(t)+\hat{p}_3(t)\right]\right\}} \tag{5.41}$$

其中，$\eta = -50$，$\eta = 0$，$\eta = 50$，其细胞毒性指数 $\widehat{\mathrm{TI}}(t)$ 分别为 $\mathrm{GI}_{50}(t)$、$\mathrm{TGI}(t)$ 和 $\mathrm{LC}_{50}(t)$。

由于非线性规划函数"fmincon"对参数的初始值很敏感。为了获得可靠性结果，本章给出一种参数初始值选择方法：

(1) 参数 $\hat{p}_1(t)$ 和 $\hat{p}_2(t)$ 分别为下渐近线和上渐近线。因此，可将阴性对照组的最大值 $N_c(t)$ 设置为 $\hat{p}_2(t)$ 的初始值 $\hat{p}_{2,0}(t)$，待测化学物质所有浓度所对应 TCRCs 的最小值设置为 $\hat{p}_1(t)$ 的初始值 $\hat{p}_{1,0}(t)$，亦即

$$\begin{cases} \hat{p}_{2,0}(t) = \max\left(N_c(t)\right) \\ \hat{p}_{1,0}(t) = \min\left(\left\{\left\{N_{j,r}(t)\right\}_{r=1}^{4}\right\}_{j=1}^{8}\right) \end{cases} \tag{5.42}$$

(2) 将式 (5.40) 改写为

$$\exp\left(-\frac{\lg(c_{e,j}) - \hat{p}_3(t)}{\hat{p}_4(t)}\right) = \frac{\hat{p}_2(t) - \widehat{\mathrm{TI}}(t)_j}{\widehat{\mathrm{TI}}(t)_j - \hat{p}_1(t)} \tag{5.43}$$

即

$$\frac{\hat{p}_3(t) - \lg(c_{e,j})}{\hat{p}_4(t)} = \ln \frac{\hat{p}_2(t) - \widehat{TI}(t)_j}{\widehat{TI}(t)_j - \hat{p}_1(t)} \tag{5.44}$$

利用式(5.42)得到的 $\hat{p}_{1,0}(t)$ 与 $\hat{p}_{2,0}(t)$，由计算值 $TI(t)_{j,r}$ 替代估计值 $\widehat{TI}(t)_{j,r}$，

令 $\delta_j(t) = \ln \dfrac{\hat{p}_{2,0}(t) - TI(t)_j}{TI(t)_j - \hat{p}_{1,0}(t)}$，则式(5.44)改写成

$$\lg(c_{e,j}) = \hat{p}_3(t) - \hat{p}_4(t)\delta_j(t) \tag{5.45}$$

(3)使用最小二乘算法得到 $\hat{p}_3(t)$，$\hat{p}_4(t)$ 的初始值 $\hat{p}_{3,0}(t)$，$\hat{p}_{4,0}(t)$。

$$\boldsymbol{\beta} = \left(\boldsymbol{X}^{\mathrm{T}}\boldsymbol{X}\right)^{-1}\left(\boldsymbol{X}^{\mathrm{T}}\boldsymbol{Y}\right)$$
$$\text{s.t.}\quad \boldsymbol{Y} = \left[\lg(c_{e,1}), \lg(c_{e,2}), \cdots, \lg(c_{e,J})\right]^{\mathrm{T}}$$
$$\boldsymbol{X} = \left[[1,\delta_1],[1,\delta_2],\cdots,[1,\delta_J]\right]^{\mathrm{T}} \tag{5.46}$$
$$\boldsymbol{\beta} = \left[\hat{p}_{3,0}(t), \hat{p}_{4,0}(t)\right]^{\mathrm{T}}$$

式中，J 为待测化学物质的浓度总数($J=8$)。

可由 lsqcurvefit 函数获取 $\hat{p}_{3,0}(t)$ 和 $\hat{p}_{4,0}(t)$。

5.4.3　算法验证及结果

为验证所提方法的有效性，以细胞株 H4 暴露于嘧菌酯(azoxystrobin)、鬼笔环肽(phalloidin)的 8 种浓度为例(见表 5.3)，在同一 E-plate 中，每种浓度重复四次，以增加 RTCA 细胞毒性实验的可靠性。

表 5.3　化学物质的浓度值

序号	化学物质	
	嘧菌酯	鬼笔环肽
1	3.77 μmol/L	1.18 μmol/L
2	8.1 μmol/L	2.53 μmol/L
3	17.41 μmol/L	5.44 μmol/L
4	37.44 μmol/L	11.7 μmol/L
5	80.5 μmol/L	25.16 μmol/L
6	170 μmol/L	54.08 μmol/L
7	370 μmol/L	116.28 μmol/L
8	800 μmol/L	250 μmol/L

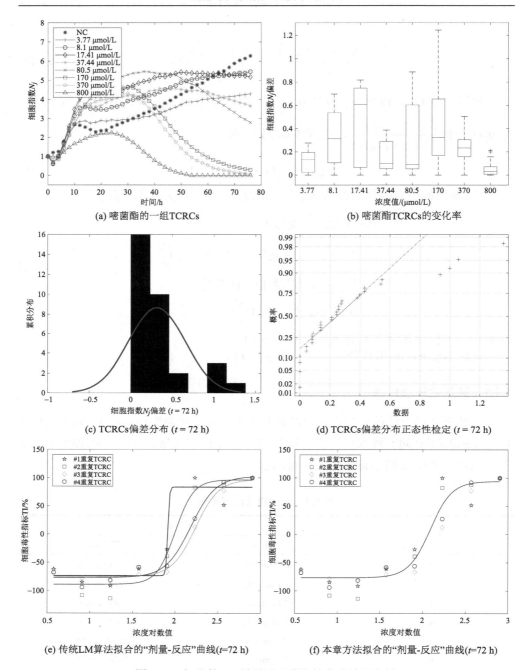

(a) 嘧菌酯的一组TCRCs

(b) 嘧菌酯TCRCs的变化率

(c) TCRCs偏差分布 (t = 72 h)

(d) TCRCs偏差分布正态性检定 (t = 72 h)

(e) 传统LM算法拟合的"剂量-反应"曲线(t=72 h)

(f) 本章方法拟合的"剂量-反应"曲线(t=72 h)

图 5.18　细胞株 H4 暴露于嘧菌酯的实验结果分析

如前所述,在同一实验条件下,四个重复的 TCRCs 都不尽相同,图 5.18(a) 展示了嘧菌酯其中一组的 TCRCs,图 5.18(b)展示了 8 种浓度四次重复实验的偏差箱式图(相对于每种浓度的 TCRCs 均值)。由此可见,每种浓度的 TCRCs 均存在差异。使用 Kolmogorov-Smirnov(KS)方法,对某一采样点(这里 t=72 h)的 8 种浓度的所有偏差进行正态分布检定,结果如图 5.18(c)和图 5.18(d)所示,其 p 值 =0.0609(大于 0.05),呈现正态分布。对暴露 72 h 的 TCRCs,使用无约束的参数估计算法,得到四参数"剂量-反应"模型,其参数值与拟合曲线分别见表 5.4 与图 5.18(e),由拟合模型计算得到典型的细胞毒性指数值见表 5.5。由于重复性实验数据存在差异,典型细胞毒性指数(GI_{50},TGI 和 LC_{50})均不相同,很难获得一致性估计。

采用本章算法,拟合的"剂量-反应"曲线见图 5.18(f),其所对应的细胞毒性指数见表 5.5。由此可见,本章算法能科学地使用重复性实验数据,并获得满意的一致性估计。

表 5.4 两种方法所估计"剂量-反应"模型的参数值(嘧菌酯)

	重复实验(r)	$a(t$=72)	$b(t$=72)	$c(t$=72)	$d(t$=72)
传统方法	1	−74.9475	83.8800	1.9140	0.0099
	2	−88.7765	96.3874	2.0008	0.1076
	3	−74.9930	96.8350	2.2370	0.1355
	4	−76.8305	102.7294	2.1829	0.1470
	均值	−78.8869	94.9580	2.0837	0.1000
	方差	33.1786	47.1708	0.0173	0.0029
本章方法		−76.7273	94.1271	2.0884	0.1268

表 5.5 两种方法所计算的嘧菌酯典型细胞毒性指数(t=72 h)

	重复实验(r)	GI_{50}	TGI	LC_{50}
传统方法(lg)	1	1.6831	2.1314	2.5543
	2	1.7215	2.0105	2.1440
	3	0.8536	1.9625	2.4274
	4	1.9302	2.1238	2.3479
	均值	1.5471	2.0570	2.3684
	方差	0.1691	0.0053	0.0222
本章方法(lg)		1.8451	2.0567	2.2145

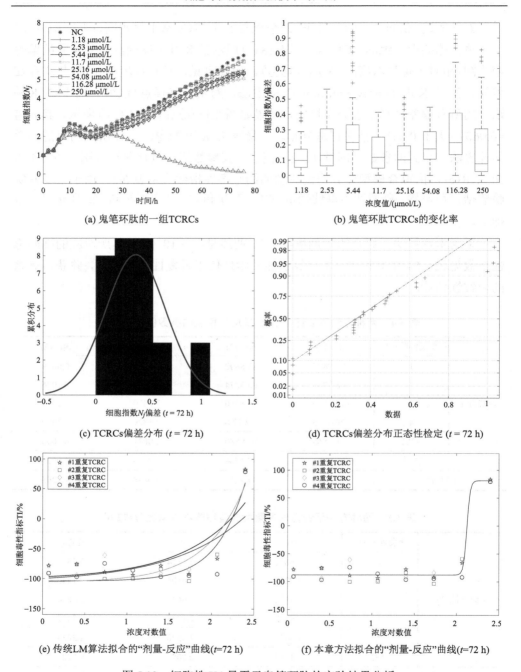

(a) 鬼笔环肽的一组TCRCs

(b) 鬼笔环肽TCRCs的变化率

(c) TCRCs偏差分布 ($t = 72$ h)

(d) TCRCs偏差分布正态性检定 ($t = 72$ h)

(e) 传统LM算法拟合的"剂量-反应"曲线($t=72$ h)

(f) 本章方法拟合的"剂量-反应"曲线($t=72$ h)

图 5.19　细胞株 H4 暴露于鬼笔环肽的实验结果分析

鬼笔环肽的 RTCA 细胞毒性实验分析结果分别如图 5.19、表 5.6、表 5.7 所示。需要指出的是，采用无约束的参数估计算法，得到图 5.19（e）所示"剂量-反应"曲线，该曲线一直呈现上升趋势，不符合化学物质的细胞毒性机制，其主要原因在于：忽略了 0.25 mmol/L 浓度的细胞毒性强度。相比之下，本章所提带约束的优化方法，将 0.25 mmol/L 的细胞毒性指数作为折扣因子，引入四参数"剂量-反应"模型的参数估计中，从而获得了合理性的结果（见图 5.19（f））。

表 5.6　两种方法所估计"剂量-反应"模型的参数值（鬼笔环肽）

	重复实验(r)	$a(t=72)$	$b(t=72)$	$c(t=72)$	$d(t=72)$
传统方法	1	−101.12	61224.7	6.763	0.7082
	2	−103.80	1791.113	3.1542	0.3212
	3	−106.16	23347.78	4.7221	0.4686
	4	−106.19	20983.77	6.8527	0.8493
	均值	−104.318	26836.84	5.373	0.5868
	方差	4.3482	4.64E+08	2.3671	0.0420
本章方法		−87.8073	81.1651	2.1218	0.0196

表 5.7　两种方法所计算的鬼笔环肽典型细胞毒性指数（t=72 h）

	重复实验(r)	GI_{50}	TGI	LC_{50}
传统方法（lg）	1	2.1013	2.2128	2.3244
	2	2.0873	2.2073	2.3274
	3	0.8583	1.4374	2.0164
	4	0.9660	1.5378	2.0796
	均值	1.5107	1.8488	2.1869
	方差	0.3508	0.1317	0.0198
本章方法（lg）		2.1254	2.2293	2.3332

5.5　本章小结

细胞毒性实验是一项严谨且细致的工作，而影响细胞毒性实验结果误差的因素很多，包括样品管理、检验标准、实验环境、仪器性能、标准物质和操作员素质等多个方面。在保证系统误差得以控制的前提下，单次测定的偶然误差将严重影响到检测结果的可重复性。只有当测定结果的重复性得到保障的时候，才能有效避免偶然误差给检测结果带来的影响，而严格遵循实验室管理规范（good laboratory practice，GLP）和标准操作规程（standard operating procedure，SOP）要求是消除偶然误差的基本保障。

在保证实验质量的前提下，如何给出细胞毒性实验质量的有效评估方法一直是实验员所关心的命题。RTCA 系统的 TCRCs 数据具有明显的时间序列特性，不满足样本独立与正态分布，传统的统计分析方法不能直接应用于 TCRCs 分析。因此，本章针对 E-Plate 的边缘效应与 E-Plate 的组内/组间重复性两个常见的 RTCA 实验问题，提出了相应的实验数据可靠性评估方法，并制定了可靠性评估标准。研究结果表明，本书算法可以有效判定 E-Plate 中 TCRCs 数据的有效性。

如何合理的使用重复性 RTCA 实验数据是细胞毒性研究人员所关心的另一个命题。RTCA 系统常采用均值法，会导致一些不合理的分析结果。因此，本章从典型四参数"剂量-反应"模型的参数估计出发，提出一种带约束的非线性优化方法，降低异常值的影响，给出合理的细胞毒性评估结果。

参 考 文 献

[1] Abassi Y A, Jackson J A, Zhu J, et al. Label-free, real-time monitoring of IgE-mediated mast cell activation on microelectronic cell sensor arrays. Journal of Immunological Methods, 2004, 292(1-2): 195-205.

[2] Murcia C. Edge effects in fragmented forests: Implications for conservation. Trends in Ecology and Evolution, 1995, 10(2): 58-62.

[3] Lundholt B K, Scudder K M, Pagliaro L. A simple technique for reducing edge effect in cell-based assays. Journal of Biomolecular Screening, 2003, 8(5): 566-570.

[4] Foley B J, Drozd A M, Bollard M T, et al. Maintaining microclimates during nanoliter chemical dispensations using custom-designed source plate lids. Journal of Laboratory Automation, 2016, 21(1): 115-124.

[5] Gunter B, Brideau C, Pikounis B, et al. Statistical and graphical methods for quality control determination of high-throughput screening data. Journal of Biomolecular Screening, 2003, 8(6): 624-633.

[6] Chen Y, Chen S, Pan T, et al. Edge effect detection for real-time cellular analyzer using statistical analysis. Rsc Advances, 2017, 7(34): 20833-20839.

[7] de Vet H C W, Terwee C B, Knol D L, et al. When to use agreement versus reliability measures. Journal of Clinical Epidemiology, 2006, 59(10): 1033-1039.

[8] Scott D J, Devonshire A S, Adeleye Y A, et al. Inter-and intra-laboratory study to determine the reproducibility of toxicogenomics datasets. Toxicology, 2011, 290(1): 50-58.

[9] Barnhart H X, Song J, Haber M J. Assessing intra, inter and total agreement with replicated readings. Statistics in Medicine, 2005, 24(9): 1371-1384.

[10] Hudson J M, Milot L, Parry C, et al. Inter-and intra-operator reliability and repeatability of shear wave elastography in the liver: A study in healthy volunteers. Ultrasound in Medicine and

Biology, 2013, 39(6): 950-955.

[11] Hoyt C J, Krishnaiah P R. Estimation of test reliability by analysis of variance technique. Journal of Experimental Education, 1960, 28(3): 257-259.

[12] McGraw K O, Wong S P. Forming inferences about some intraclass correlation coefficients. Psychological Methods, 1996, 1(1): 30-46.

[13] Slanina H, König A, Claus H, et al. Real-time impedance analysis of host cell response to meningococcal infection. Journal of Microbiological Methods, 2011, 84(1): 101-108.

[14] Fleiss J L. Estimating the accuracy of dichotomous judgments. Psychometrika, 1965, 30(4): 469-479.

[15] Weir J P. Quantifying test-retest reliability using the intraclass correlation coefficient and the SEM. Journal of Strength and Conditioning Research, 2005, 19(1): 231-240.

[16] 董秀玥. 配对 t 检验与成组 t 检验优选方法研究. 数理医药学杂志, 2010, 23(1): 11-14.

[17] 王凯, 冯晅, 刘财. Pearson 相关系数法快慢横波波场分离. 世界地质, 2012, 31(2): 371-376.

[18] 潘晓平, 倪宗瓒. 组内相关系数在信度评价中的应用. 华西医科大学学报, 1999, 30(1): 62-63.

[19] Jasnos L, Sliwa P, Korona R. Resolution and repeatability of phenotypic assays by automated growth curve analysis in yeast and bacteria. Analytical Biochemistry, 2005, 344(1): 138-140.

[20] Pearson K. LIII. On lines and planes of closest fit to systems of points in space. The London, Edinburgh, and Dublin Philosophical Magazine and Journal of Science, 1901, 2(11): 559-572.

[21] Fisher R A. Statistical Methods for Research Workers. Maharashtra: Genesis Publishing Pvt Ltd, 2006.

[22] Bartko J J. The intraclass correlation coefficient as a measure of reliability. Psychological Reports, 1966, 19(1): 3-11.

[23] Harris J A. The formation of condensed correlation tables when the number of combinations is large. The American Naturalist, 1912, 46(548): 477-486.

[24] Vaz S, Falkmer T, Passmore A E, et al. The case for using the repeatability coefficient when calculating test–retest reliability. PLoS One, 2013, 8(9): e73990.

[25] Wolak M E, Fairbairn D J, Paulsen Y R. Guidelines for estimating repeatability. Methods in Ecology and Evolution, 2012, 3(1): 129-137.

[26] Atenafu E G, Hamid J S, To T, et al. Bias-corrected estimator for intraclass correlation coefficient in the balanced one-way random effects model. BMC Medical Research Methodology, 2012, 12(1): 126.

[27] Shrout P E, Fleiss J L. Intraclass correlations: Uses in assessing rater reliability. Psychological Bulletin, 1979, 86(2): 420.

[28] Faller T, Engelhardt H. How to achieve higher repeatability and reproducibility in capillary electrophoresis. Journal of Chromatography A, 1999, 853(1-2): 83-94.

[29] King T S, Chinchilli V M, Carrasco J L. A repeated measures concordance correlation coefficient. Statistics in Medicine, 2007, 26(16): 3095-3113.

[30] 陈娇. 细胞毒性数据的函数分析方法研究. 镇江: 江苏大学, 2018.

[31] 陈涵宇, 蒋勇. 基于四次 B 样条的曲线逼近算法. 计算机工程与科学, 2017, 39(8):

1489-1494.

[32] 杨英冕. 函数型数据分析及其在股指分析中的应用. 北京: 华北电力大学, 2016.

[33] Atienzar F A, Tilmant K, Gerets H H, et al. The use of real-time cell analyzer technology in drug discovery: Defining optimal cell culture conditions and assay reproducibility with different adherent cellular models. Journal of Biomolecular Screening, 2011, 16(6): 575-587.

[34] Raine-Fenning N J, Clewes J S, Kendall N R, et al. The interobserver reliability and validity of volume calculation from three-dimensional ultrasound datasets in the in vitro setting. Ultrasound in Obstetrics and Gynecology: The Official Journal of The International Society of Ultrasound in Obstetrics and Gynecology, 2003, 21(3): 283-291.

[35] Ohno T, Futamura Y, Harihara A. Validation study on five cytotoxicity assays by JSAAE–VI. Details of the LDH Release Assay. AATEX, 1998, 5: 99-118.

[36] Abassi Y. Label-free and dynamic monitoring of cell-based assays. Biochemical-Mannheim, 2008, 3(2): 8-11.

[37] Chen J, Pan T, Devendran B D, et al. Analysis of inter-/intra-E-plate repeatability in the real-time cell analyzer. Analytical biochemistry, 2015, 477: 98-104.

[38] 浦天庆. 体外细胞毒性动态评估与可靠性分析研究. 镇江: 江苏大学, 2015.

第6章 基于细胞毒性动态响应曲线的诱变细胞数目预测模型估计

6.1 引　　言

基因毒性(genotoxicity)是指一些会破坏基因完整性的物理或化学因子，很可能是突变源或致癌物质。在大多数情况下，基因毒性可以使不同细胞和身体其他系统产生异变，从而引发生物体的各种疾病(如癌症)[1]。

在自然环境中，往往存在着大量的药物或污染物，这些物质具有一定的基因毒性，可使正常细胞发生诱变，产生诱变细胞，导致生物体发生癌变[2,3]。因此，通过统计诱变细胞数目，可以鉴定药物或污染物的危害等级，从而预测环境污染物对人体健康产生有害影响的可能性，即实现人类健康风险评估[4]。而自然环境中的诱变剂浓度常常都比较低，低浓度的诱变剂产生诱变细胞数目也非常少，受检测灵敏度的限制，传统的细胞计数方法很难估算出低数量级的诱变细胞数目。例如，若培养皿中的诱变细胞数目不足 100 时，MTT 比色法无法实现检测[5,6]。

在体外基因毒性试验中，常用中国仓鼠成纤维细胞株(V79)作为研究对象，利用诱变剂(如 4-硝基喹啉-N-氧化物，4-NQO)使 V79 细胞 *HPRT* 基因位点发生突变，从而使突变细胞对 6-TG 具有抗性作用。这些突变细胞在含有 6-TG 的选择性培养液中能继续分裂，并形成集落。根据突变集落形成数，计算突变率以判定受试物的致突变性[7,8]。

体外诱变细胞的 RTCA 实验设计[9-12]如图 6.1 所示。

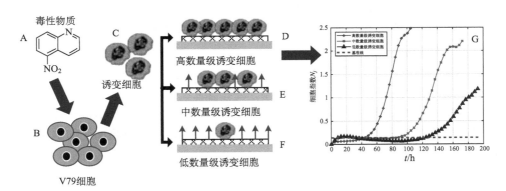

图 6.1　诱变细胞 RTCA 实验设计

6.2　诱变细胞数目预测模型估计方法

在培养基 6-TG 中接种有不同初始数量的诱变细胞(图 6.2)。利用 RTCA 系统，记录诱变细胞的分裂状态，得到诱变细胞的动态响应曲线[13,14](图 6.3)。

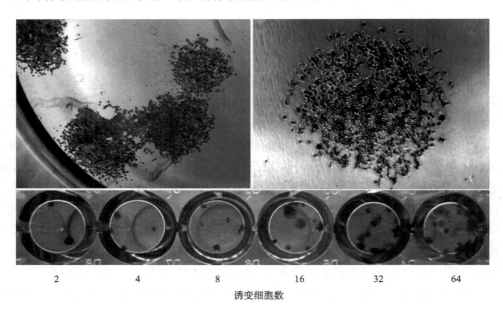

诱变细胞数

图 6.2　含不同初始诱变细胞数目

由图 6.2 可知，不同数量的初始诱变细胞，其 TCRC 完全不一样，为了获得有效的诱变细胞数目预测模型，需要知道初始细胞分裂点，以及细胞的指数分裂期。为此，设计计算程序[15,16]如下：

步骤 1：计算所有 TCRC 单位时间内的细胞增殖变化率(RTCA 系统设置的采样间隔为 2 h)：

$$B_j(t) = \frac{N_j(t+1) - N_j(t)}{2}, \quad t = 1,2,\cdots,T \tag{6.1}$$

式中，$N_j(t)$ 指在 t 时刻诱变细胞的细胞增殖数量；j 为序号(表示诱变细胞的不同初始数量)，$j = 1,2,\cdots,10$。TCRC 曲线变化率 $B_j(t)$ 直接反映诱变细胞在采样时刻 t 的增殖速率，若为负值，则表示细胞死亡，反之则表示细胞分裂；绝对值越大表示细胞增殖数量变化越多，细胞越有活力。

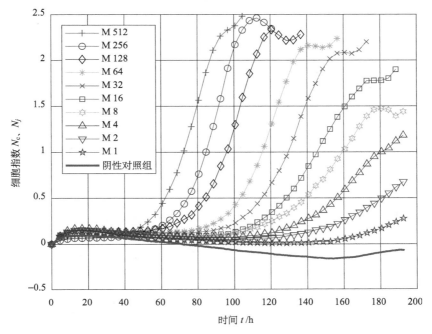

图 6.3　诱变细胞的 TCRCs

步骤 2：计算不同初始数量级诱变细胞的 TCRC 曲线变化率 $B_j(t)$ 第一次大于 0 的时刻 t_j^{b}，此时刻的细胞指数 N_j 为该数量级诱变细胞的基准值 N_j^{b}（图 6.4）：

$$N_j^{\mathrm{b}} = N_j\left(t_j^{\mathrm{b}}\right), \quad j=1,2,\cdots,10$$

$$\begin{cases} t_j^{\mathrm{b}} = \min\limits_{t=1,2,\cdots,200}(t) \\ \text{s.t.}\ \ B_j(t) > \delta \end{cases} \tag{6.2}$$

式中，δ 为较小的数值。主要是为了避免系统噪声的影响，取 $\delta = 10^{-4}$（接近于 0）。

取所有数量级诱变细胞的基准值 N_j^{b} 的最大值为评估基准值 N^{b}：

$$N^{\mathrm{b}} = \max\left(\left\{N_j^{\mathrm{b}}\right\}_{j=1}^{10}\right) \tag{6.3}$$

步骤 3：计算不同数量级诱变细胞的细胞增殖变化率 $B_j(t)$ 为最大值时的 t_j^{m} 值，此时刻的细胞指数 N_j 为该数量级诱变细胞增殖的阈值 N_j^{m}（图 6.4）：

$$N_j^{\mathrm{m}} = N_j\left(t_j^{\mathrm{m}}\right), \quad j=1,2,\cdots,10$$

$$\text{s.t.}\ \ t_j^{\mathrm{m}} = \underset{t=1,2,\cdots,200}{\arg\max}\left(B_j(t)\right) \tag{6.4}$$

取所有数量级诱变细胞的阈值 N_j^{m} 的最小值为评估阈值 N^{m}：

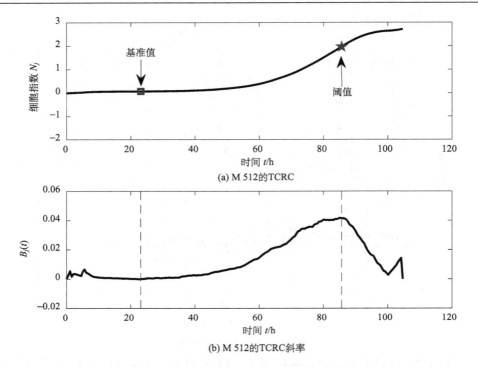

图 6.4　M 512 的 TCRC 及其曲线变化率

$$N^{\mathrm{m}} = \min\left(\left\{N_j^{\mathrm{m}}\right\}_{j=1}^{10}\right) \tag{6.5}$$

步骤 4：用式(6.3)的评估基准值 N^{b} 画一条水平基准线，如图 6.5 所示，该基准线与每一条诱变细胞的 TCRC 曲线都有一个交点 t_j，取该交点的横坐标最小值为评估时间起点 t^{s}，即

$$t^{\mathrm{s}} = \min\left(\left\{t_j\right\}_{j=1}^{10}\right)$$
$$\text{s.t.} \quad t_j = \operatorname*{arg\,min}_{t=1,2,\cdots,200}\left(t\,\middle|\,N_j(t) = N^{\mathrm{b}}\right) \tag{6.6}$$

步骤 5：用式(6.5)的评估阈值 N^{m} 画一条水平阈值线，如图 6.6 所示，该阈值线与每一条诱变细胞的生长曲线有个交点 t_j，取该交点的时间值 t_j 与评估时间起点 t^{s} 的差值为该数量级诱变细胞 M_j 的增殖时间 Δt_j：

$$\Delta t_j = t_j - t^{\mathrm{s}}, \quad j = 1,2,\cdots,10$$
$$\text{s.t.} \quad t_j = \operatorname*{arg\,min}_{t=1,2,\cdots,200}\left(t\,\middle|\,N_j(t) = N^{\mathrm{m}}\right) \tag{6.7}$$

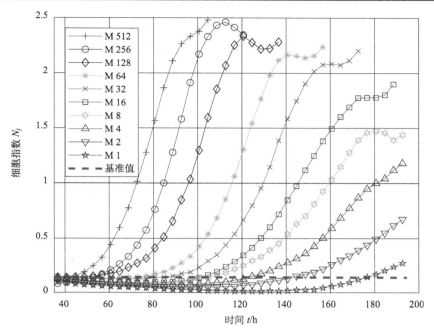

图 6.5　诱变细胞的 TCRCs 与其基准线

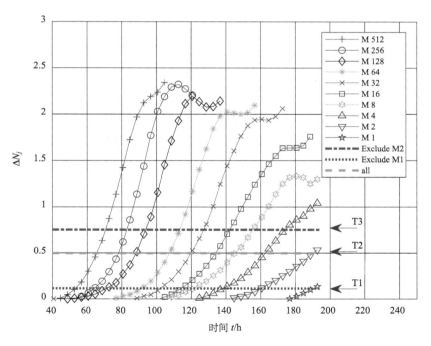

图 6.6　诱变细胞的 TCRCs 与其阈值线

步骤 6：绘制诱变细胞数目 M_j 与增殖时间 Δt_j 的散点图（图 6.7），由图可知，诱变细胞数目 M_j 与增殖时间 Δt_j 之间存在幂函数关系：

$$\Delta t_j = a_1 \left(M_j \right)^{a_2} + a_3 \tag{6.8}$$

式中，a_1, a_2, a_3 为预测模型参数。

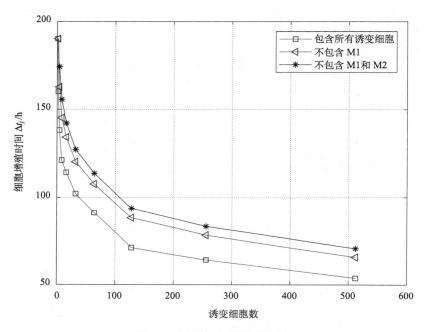

图 6.7　诱变细胞的预测模型

采用非线性回归算法可得该幂函数方程的参数。在 RTCA 体外细胞试验中，预测模型（6.8）对阈值的选取比较敏感，图 6.6 与图 6.7 显示三种阈值选取的结果，图中 T1 为所有诱变细胞 TCRCs 参与建模的结果，其 $R^2 = 98.46\%$；T2 为去除 M1 的 TCRCs 后的建模结果，其 $R^2 = 98.73\%$；T3 为去除 M1 与 M2 的 TCRCs 后建模结果，其 $R^2 = 99.82\%$。因此，阈值越小，参与建模的试验数目就越多，其拟合性能会降低，本书去除 M1 和 M2 后，用剩余 TCRCs 构建诱变细胞预测模型。

步骤 7：利用预测模型式（6.8）即可估算出待测诱变细胞样品的细胞数目 $\hat{M}$：

$$\hat{M} = \left(\frac{t - a_3}{a_1} \right)^{\frac{1}{a_2}} \tag{6.9}$$

6.3　诱变细胞数目预测模型分析

为了验证模型的再现性，利用 RTCA 系统，独立重复四次试验(6 周)，在每次独立 RTCA 试验中，每个样本重复 6 次，以这 6 次的平均值，作为每种数量级的评估 TCRC 曲线，结果如图 6.8 与表 6.1 所示(这里 MT 为细胞增殖量)，可以看出，四次 RTCA 试验的变异系数介于 4.439%～27.152%，在可接受的范围内，其拟合度 $R^2 = 99.585\%$，具有较高的精度。

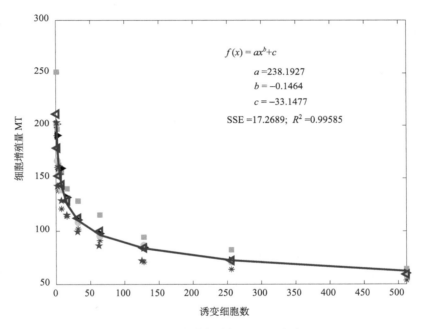

图 6.8　4 次独立重复 RTCA 试验

表 6.1　4 次独立重复 RTCA 试验结果

序号	初始诱变细胞数目	MT 值	变异系数 CV/%
1	512	59.301	4.4399
2	256	72.426	7.5336
3	128	84.302	9.6857
4	64	99.927	10.668
5	32	112.43	11.248
6	16	128.8	10.756
7	8	143.68	17.448

续表

序号	初始诱变细胞数目	MT 值	变异系数 CV/%
8	4	152.05	10.107
9	2	178.3	17.742
10	1	210.93	27.152

6.4 本 章 小 结

为定量分析低数量级的诱变细胞，本书基于 RTCA 系统，给出一种高通量评估方法，其主要特点在于利用了细胞增殖曲线 TCRCs 的特性，由细胞分裂的指数期和初始诱变细胞数目的关系，构建低数量级诱变细胞的预测模型，可以用于基因毒性测试。

参 考 文 献

[1] 罗宾·库克. 基因突变. 李小刚译. 北京: 新星出版社, 2006.

[2] 张丽华, 邹向阳, 王洪波, 等. 细胞生物学和医学遗传学. 4 版. 北京: 人民卫生出版社, 2009.

[3] Eastmond D A, Hartwig A, Anderson D, et al. Mutagenicity testing for chemical risk assessment: Update of the WHO/IPCS harmonized scheme. Mutagenesis, 2009, 24(4): 341-349.

[4] 孔志明. 环境遗传毒理学. 南京: 南京大学出版社, 2009.

[5] Denizot F, Lang R. Rapid colorimetric assay for cell growth and survival: Modifications to the tetrazolium dye procedure giving improved sensitivity and reliability. Journal of Immunological Methods, 1986, 89(2): 271-277.

[6] Mosmann T. Rapid colorimetric assay for cellular growth and survival: Application to proliferation and cytotoxicity assays. Journal of Immunological Methods, 1983, 65(1-2): 55-63.

[7] 滕利荣, 孟庆繁. 生物学基础实验教程. 3 版. 北京: 科学出版社, 2008.

[8] 韦纳 M P, 加布里埃尔 S B, 斯蒂芬斯 J C. 遗传变异分析实验指南. 张根发, 谭信, 杨泽, 等译. 北京: 科学出版社, 2010.

[9] Knight A W, Little S, Houck K, et al. Evaluation of high-throughput genotoxicity assays used in profiling the US EPA ToxCast™ chemicals. Regulatory Toxicology and Pharmacology, 2009, 55(2): 188-199.

[10] Xing J Z, Zhu L, Jackson J A, et al. Dynamic monitoring of cytotoxicity on microelectronic sensors. Chemical Research in Toxicology, 2005, 18(2): 154-161.

[11] Xing J Z, Zhu L, Huang B, et al. Microelectronic‐sensing assay to detect presence of vrotoxins in human faecal samples. Journal of Aplied Mcrobiology, 2012, 113(2): 429-437.

[12] Xing J Z, Zhu L, Gabos S, et al. Microelectronic cell sensor assay for detection of cytotoxicity and prediction of acute toxicity. Toxicology in Vitro, 2006, 20(6): 995-1004.

[13] Xing J Z, Gabos S, Huang B, et al. High-throughput quantitative analysis with cell growth kinetic curves for low copy number mutant cells. Analytical and Bioanalytical Chemistry, 2012, 404(6-7): 2033-2041.

[14] Ryder A B, Huang Y, Li H, et al. Assessment of clostridium difficile infections by quantitative detection of TCDB toxin by use of a real-time cell analysis system. Journal of Cinical Mcrobiology, 2010, 48(11): 4129-4134.

[15] 潘天红，黄彪，邢讚，等. 一种低数量级诱变细胞的高通量分析系统和计数方法: 中国，103424350(2013-12-4).

[16] Ruijter J M, Ramakers C, Hoogaars W M H, et al. Amplification efficiency: Linking baseline and bias in the analysis of quantitative PCR data. Nucleic Acids Research, 2009, 37(6): e45.

附　　录

序号	化学物质	浓度(1∶3稀释)	溶剂
1	5-fluorouracil（5-FU）	200 μmol/L～3.39 nmol/L	DMSO
2	cordycepin	200 μmol/L～3.39 nmol/L	DMSO
3	cytochalasin B	20 μmol/L～0.339 nmol/L	DMSO
4	emetine	50 μmol/L～0.847 nmol/L	H_2O
5	actinomycin D	2 μmol/L～0.0339 nmol/L	DMSO
6	anisomycin	10 μmol/L～0.17 nmol/L	H_2O
7	hydroxyurea（HU）	10 μmol/L～169 nmol/L	H_2O
8	vincristine sulfate	250 μmol/L～4.23 nmol/L	H_2O
9	brefeldin A（BEF）	40 μmol/L～0.68 nmol/L	DMSO
10	Exo 1	300 μmol/L～5.08 nmol/L	DMSO
11	concanamycin A	0.2 μmol/L～0.003 nmol/L	DMSO
12	antimycin A	200 μmol/L～3.387 nmol/L	EtOH
13	thapsigargin	2 μmol/L～0.0339 nmol/L	DMSO
14	ochratoxin A	10 μmol/L～0.17 nmol/L	DMSO
15	FK506（tacrolimus）	50 μmol/L～1 nmol/L	DMSO
16	latrunculin A	2 μmol/L～0.03 nmol/L	EtOH
17	SAHA	151 μmol/L～2.56 nmol/L	DMSO
18	mitoxantrone dihydrochloride	150 μmol/L～2.54 nmol/L	DMSO
19	NU7026	20 μmol/L～0.34 nmol/L	DMSO
20	topotecan	95 μmol/L～1.61 nmol/L	DMSO
21	cisplatin	150 μmol/L～2.54 nmol/L	H_2O
22	irinotecan（CPT-11）	160 μmol/L～2.71 nmol/L	DMSO
23	ABT-888（veliparib）	308 μmol/L～5.22 nmol/L	DMSO
24	gemicitabine	2 μmol/L～0.03 nmol/L	H_2O
25	*S*-trityl-*L*-cysteine	100 μmol/L～1.69 nmol/L	DMSO
26	W7 HCl	200 μmol/L～3.39 nmol/L	DMSO
27	Ro32-3555	200 μmol/L～3.39 nmol/L	DMSO
28	FAK inhibitor 14	2500 μmol/L～42.34 nmol/L	H_2O
29	PF 573228	40 μmol/L～0.68 nmol/L	DMSO
30	docetaxel	1 μmol/L～0.02 nmol/L	DMSO
31	vinblastine sulfate	40 μmol/L～0.68 nmol/L	H_2O

续表

序号	化学物质	浓度（1∶3 稀释）	溶剂
32	ML-7 hydrochloride	100 μmol/L～1.69 nmol/L	DMSO
33	PF 431396	5 μmol/L～0.08 nmol/L	DMSO
34	etoposide phosphate	200 μmol/L～3.39 nmol/L	DMSO
35	cytochalasin D	20 μmol/L～0.339 nmol/L	DMSO
36	latrunculin B	20 μmol/L～0.339 nmol/L	DMSO
37	paclitaxel	20 μmol/L～0.339 nmol/L	DMSO
38	puromycin	1000 μmol/L～17 nmol/L	H_2O
39	clofarabine（CLOF）	25 μmol/L～0.42 nmol/L	H_2O
40	valproic acid	50 mmol/L～847 nmol/L	H_2O
41	doxorubicin（DOX）	100 μmol/L～1.69 nmol/L	H_2O
42	leptomycin B（LMB）	20 nmol/L～0.000339 nmol/L	EtOH
43	monensin	4 μmol/L～0.068 nmol/L	DMSO
44	oligomycin	20 μmol/L～0.339 nmol/L	DMSO
45	rotenone	200 μmol/L～3.387 nmol/L	DMSO
46	BHQ	400 μmol/L～7 nmol/L	DMSO
47	cyclosporin A	100 μmol/L～1.69 nmol/L	DMSO
48	BAPTA-AM	60 μmol/L～1 nmol/L	DMSO
49	CCCP	100 μmol/L～1.69 nmol/L	DMSO
50	（S）-HDAC-42	128 μmol/L～2.17 nmol/L	DMSO
51	mitomycin C	200 μmol/L～3.39 nmol/L	DMSO
52	CRT0044876	194 μmol/L～3.29 nmol/L	DMSO
53	gemcitabine HCl	1650 μmol/L～27.94 nmol/L	H_2O
54	merbarone	200 μmol/L～3.39 nmol/L	DMSO
55	cytosine	8950 μmol/L～151.57 nmol/L	H_2O
56	benzo[a]pyrene	100 μmol/L～1.69 nmol/L	DMSO
57	monastrol	100 μmol/L～1.69 nmol/L	DMSO
58	dimethylenastron	40 μmol/L～0.68 nmol/L	DMSO
59	Y-27632	188 μmol/L～3.18 nmol/L	DMSO
60	batimastat	200 μmol/L～3.39 nmol/L	DMSO
61	MLCK inhibitor peptide 18	94.5 μmol/L～1.6 nmol/L	H_2O
62	blebbistatin	100 μmol/L～1.69 nmol/L	DMSO
63	SN-38	200 μmol/L～3.39 nmol/L	DMSO
64	bafilomycin A1	0.3212 μmol/L～0.01 nmol/L	DMSO
65	HA1100 hydrochloride	1000 μmol/L～16.94 nmol/L	H_2O